Der Hund von Welt

KATHARINA VON DER LEYEN

Der Hund von Welt

Menschen
mühelos erziehen

KOSMOS

Mit 80 Schwarzweiß-Illustrationen von Daniel Müller,
Rotwand Ateliers Zürich

Unser gesamtes lieferbares Programm und viele
weitere Informationen zu unseren Büchern,
Spielen, Experimentierkästen, DVDs, Autoren und
Aktivitäten finden Sie unter **www.kosmos.de**

I. Auflage 2010

© 2010, Franckh-Kosmos Verlags-GmbH & Co.KG, Stuttgart
ISBN 978-3-440-12041-5
Printed in The Czech Republic/Imprimé en République Tchèque

Inhalt

Ein gut erzogener Hund 6

Der Hund und sein Mensch 10

Der Hund und Tischmanieren 56

Wo der Hund schläft 66

Der Hund in der Öffentlichkeit 76

Der Hund auf Reisen 118

Der Hund und das menschliche Baby 130

Ein gut erzogener Hund kommt nicht von ungefähr: Gute Erziehung fängt beim Menschen an. Mich erstaunt immer wieder, dass Hundebesitzer von ihrem Vierbeiner Contenance und makellose Manieren erwarten, ihrerseits aber herumschreien, weder ordentlich an der Leine gehen, noch „Bitte" und „Danke" sagen können – geschweige denn, die Hinterlassenschaften ihres Hundes zügig verschwinden lassen.

Dabei hat wohl jeder Hund einen Menschen verdient, der ihm das Kissen aufschüttelt, ihm liebevoll die Mahlzeiten zubereitet und den Personal-Trainer für ihn spielt. Ein gut erzogener Mensch kann der beste Freund des Hundes werden.

Ich persönlich lebe mit vier Hunden zusammen: Luise, eine schwarze Großpudelhündin, Ida, ein ähnliches Modell in Braun, Harry, ein völlig neurotisches, aber durchaus charmantes Italienisches Windspiel, und Fritz, ebenfalls ein Windspiel, das nur etwas zu groß geraten ist. Sie – und alle Hunde, mit denen ich vorher zusammenlebte – haben mich seit frühester Jugend sehr erfolgreich erzogen. Ich mache lange Spaziergänge, bin äußerst geschickt darin, verlorenes Spielzeug wiederzufinden und zu apportieren, ich gehe auch nachts spazieren, wenn es sein muss, und habe gelernt, meinen Tagesablauf praktisch vollständig den Bedürfnissen meiner Hunde unterzuordnen. Ich bin sehr gehorsam, 100%-ig stubenrein und ein anhänglicher, hingebungsvoller Hundefreund.

Das Geheimnis unserer guten Beziehung liegt im gegenseitigen

Verständnis. Meine Hunde wissen, dass meine Sinnesorgane mit den ihrigen schlicht nicht mithalten können: Ich benutze meine Nase hauptsächlich dafür, meine Brille darauf zu befestigen. Mein Gedächtnis lässt zu wünschen übrig; nie kann ich mich erinnern, wo eigentlich meine Autoschlüssel sind. Ein Hund vergisst jahrelang nicht, wo er einen Knochen vergraben oder einmal um ein Haar ein Kaninchen erwischt hat, während der Mensch stundenlang alle Schränke durchwühlen muss, um seinen Lieblingsschal zu finden, und dann seinen Ehepartner anschnauzt, wo der/die den Schal hinverräumt hat.

Ich weiß nichts von den Geheimnissen eines Kaninchenbaus, ich bin ahnungslos, was das besondere Aroma eines vor sieben Wochen verstorbenen Fisches betrifft, aber meine Hunde verzeihen mir diese Unzulänglichkeiten – sogar, wenn ich sie in totaler Ignoranz daran zu hindern versuche, wertvolle Nahrungs-Ressourcen in Sicherheit zu bringen, wie im Park herumliegende Grillabfälle, zeigen sie noch freundliches Entgegenkommen.

Vor nicht allzu langer Zeit waren Hunde noch eine Notwendigkeit, keine Accessoires. Sie trieben Schafe durch bergiges Gelände, brachten halberfrorenen Bergsteigern wärmenden Schnaps in die Felsspalten, in die sie gefallen waren, und beschützten Haus, Hof und die Menschen darin vor Dieben und Wegelagerern. Sie liefen frei herum, weil sie ihren Unterhalt verdienten, ihre Wehrhaftigkeit und ihr Bewegungsbedürfnis wurde gepriesen, nicht an die Leine gelegt. Es war eine Zeit, in der sie mit allen Vieren auf

dem Boden blieben, anstatt in kleinen gefütterten Täschchen herumgetragen zu werden, in der sie bei Bedarf mit dem Gartenschlauch abgespritzt wurden und nicht in den Hundesalon gekarrt wurden. Es war eine Zeit, in der Hunde genau das sein sollten und durften, was sie sind: eine andere Spezies.

Meine Hunde haben mir beigebracht, sie nicht als kleine, haarige Versionen des Menschen zu betrachten, sondern nie zu vergessen, dass wir zwei völlig unterschiedlichen Spezies angehören – egal, wie ähnlich wir uns manchmal zu sein scheinen. Wenn der Mensch versucht, den Hund zu imitieren, macht er seinen Hund damit ganz nervös: Der Hund sollte ebenso wenig versuchen, das Leben des Menschen zu bestimmen, wie der Mensch sich wie ein Hund behandeln lassen sollte (im historischen Gebrauch dieses Ausdrucks). Sie sollen Freunde werden, aber nicht versuchen, einander zu imitieren: Wenn der Mensch das Spiel mit der Gummimaus seines Hundes zu ernst nimmt, wird der Hund ganz unsicher und überlegt sich, ob er nun auch auf zwei Beinen gehen und Zigarren rauchen soll, wird befangen, wenn er keine modi-

schen T-Shirts trägt, und fängt an, seinen Schwanz zu jagen und Nägel zu kauen.

Ein guter Hundemensch erkennt die Tatsache an, dass zwischen Hund und Mensch Welten liegen, was Überblick, Intelligenz und Weisheit betrifft, und wird nicht versuchen, das Unmögliche von sich und seinem Hund zu verlangen.

Nicht alle Hunde sind in der Erziehung so erfolgreich wie meine. Manche Hunde verwöhnen ihre Menschen zu sehr, andere nörgeln, ziehen und zerren, bis der Mensch völlig gestresst ist. Der Schlüssel – um das noch einmal ganz deutlich zu betonen – liegt im gegenseitigen Verständnis für die Möglichkeiten und Grenzen des anderen: dann ist alles möglich. Überlegen Sie doch: Ohne meine Hunde wäre dieses Buch ja nie geschrieben worden.

Der Hund und sein Mensch

An Hunde werden seit jeher große Erwartungen gestellt. Es wird erwartet, dass sie grundsätzliche Dinge verstehen wie „Nein!", „Komm!", „Sitz!", „Fuß!", „Platz!" und „Hey, nicht auf dem Teppich!". Ob Hunde die fortgeschrittene Kommunikation mit dem Menschen weiterbringt, ist bisher nicht geklärt: Katzen beispielsweise kümmern sich nur sehr selten

Luise sagt:

Das Zauberwort erfolgreicher Erziehung ist Geduld. Training ist keine Einbahnstraße; der Hund muss erst einmal lernen, sich selbst im Griff zu haben, bevor er versuchen kann, seinen Menschen unter Kontrolle zu bekommen. Viele Menschen sind angespannt, hochsensibel oder gar neurotisch; wenn der Hund aufgrund kleiner Versäumnisse gleich cholerisch wird und zur Strafe den nächstbesten Schuh zerkaut, wird er nur erreichen, dass der Mensch das Vertrauen in ihn verliert. Mir ist ein Fall bekannt, in dem ein Terrier immer wieder nach seinem Menschen schnappte oder ihn anknurrte, wenn der sich beim Bürsten ungeschickt anstellte bzw. ihm sein Mittagessen nicht in absoluter Ruhe servierte. Das Ergebnis war, dass der Mensch hundescheu wurde und sich gar nicht mehr traute, mit dem Hund umzugehen.

darum, was der Mensch von ihnen erwartet, und genießen trotzdem – oder gerade deshalb – dessen vollen Respekt. Vögel oder Fische leisten noch weniger für ihren Lebensunterhalt und werden dennoch genauso häufig gefüttert wie Hunde.

Die Psychologie von Regeln

Für ein erfolgreiches Zusammenleben von Hund und Mensch müssen bestimmte Regeln aufgestellt werden, Rituale, nach denen beide sich richten können. Hier treffen sich die tiefen Grundbedürfnisse von Hund und Mensch: Völlig ungebundene Hunde ohne Strukturen sind unglückliche Hunde – genau wie der Mensch, der mit der Freiheit, für die er die letzten zweihundert Jahre gekämpft hat, auch nichts anfangen kann, und sich permanent neue Fußfesseln schafft wie Handys oder Laptops, mit denen er ununterbrochen erreichbar und eben das Gegenteil von „frei" ist.

Die meisten Hundebesitzer sind sich einig, dass Hunde den Unterschied zwischen Teppichen und Rasenstücken lernen müssen. Das nennt sich „Erziehung zur Stubenreinheit" und ist ideal, um den Menschen gleich von vornherein darin zu trainieren, rund um die Uhr auf den Hund und dessen subtilste körpersprachliche Signale zu achten. Wenn der Hund es richtig anstellt, ist ihm von frühester Kindheit an alle drei Stunden ein kleiner Kurztrip nach draußen gewiss – wirklich Begabte halten dies zumindest eine Zeitlang auch nachts durch.

Erziehung kann anstrengend sein, ist aber auf jeden Fall die Mühe wert: Ein gut erzogener Mensch ist ein fügsamer, angenehmer, liebevoller Begleiter, auf den man sich verlassen kann und der seinem Hund fast alle Wünsche von den Augen abliest. Durch die richtige Erziehung kann der Mensch des Hundes bester Freund werden. Das Training beginnt dabei bereits in dem Moment, in dem Mensch und Hund einander kennen lernen. Wer zu lange wartet, nicht rechtzeitig ausreichend Zeit in die Erziehung investiert und die Dinge schleifen lässt, wird es dafür später deutlich schwerer haben, wenn der Mensch erst faul, unmotiviert und unkooperativ geworden ist. Wer dagegen mit der Erziehung gleich jetzt und heute beginnt, wird später mit einer viel intensiveren Hund-Mensch-Beziehung und einem insgesamt ausgeglicheneren, glücklicheren Menschen belohnt werden.

Der Mensch sollte von Anfang an nicht zu sehr verwöhnt und bekuschelt werden. Sein Gesicht abzulecken ist sowieso eine unhygienische Sache, der Gebrauch von Babysprache eine Beleidigung sowohl seiner, als auch der Intelligenz des Hundes. Menschen wollen ihren Hund respektieren, sie wollen ihm gefallen und von ihm geliebt werden: Das ist die Basis einer funktionierenden Erziehung. Der Hund muss freundlich und geduldig sein, aber von Anfang an klarstellen, wer hier der Boss ist.

Ida sagt:

10 Gebote zum Thema „Meins + Deins"

- *Es gehört mir, also ist es meins.*
- *Ich hab's zuerst gesehen, also ist es meins.*
- *Wenn es in mein Maul passt, ist es meins.*
- *Wenn ich es dir wegnehmen kann, ist es meins.*
- *Wenn ich vorhin damit gespielt habe, ist es meins.*
- *Es kann überhaupt nicht sein, dass es deins ist, weil es nämlich meins ist.*
- *Wenn ich etwas zerkaut habe, sind alle Einzelteile meins.*
- *Wenn es aussieht, als wäre es meins, ist es meins.*
- *Wenn du mit irgendwas spielst und es dann hinlegst, wird es damit automatisch meins.*

Kommunikation

Es ist natürlich wichtig, dass Hund und Mensch so eindeutig und effektiv wie möglich miteinander kommunizieren. Der Hund kann den Menschen so viel anbellen, wie er will – wenn der Mensch nicht weiß, was der Hund ihm damit sagen will, bringt es überhaupt nichts. Will hund also beispielsweise nach draußen, ist es wirkungsvoller, den Menschen traurig anzustarren und laut zu seufzen. Es mag auch sinnvoll sein, leicht an der Tür zu kratzen. Wenn der Mensch auch dann noch zu langsam ist, dürfte das Herumschleppen der Leine mit lautem Geklimper selbst dem größten Träumer die Botschaft deutlich machen. Der Mensch wird mit Gebrummel seinen Mantel und feste Schuhe anziehen und mit dem Hund ins Freie gehen. Diese Übung sollte regelmäßig wiederholt werden, bis der Mensch gelernt hat, ohne Aufforderung von ganz alleine zu regelmäßigen Zeiten mit dem Hund spazieren zu gehen.

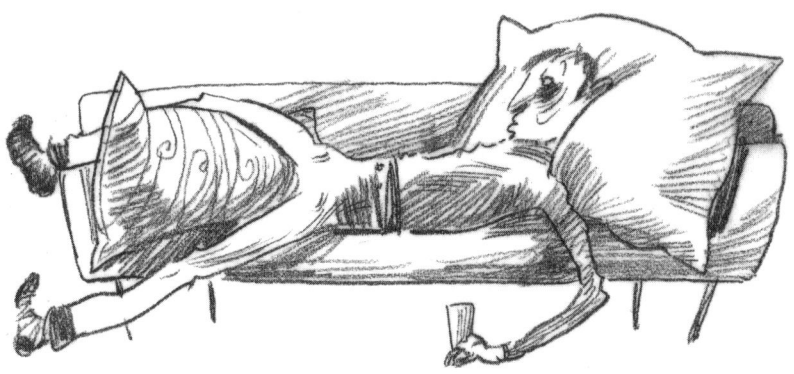

Alle Menschen reden mit ihren Hunden. Manche besprechen sich mit ihrem Hund, weil sonst gerade keiner da ist, andere reden überhaupt gerne und am liebsten, wenn der andere nicht widerspricht oder unterbricht. In jedem Fall sollte der Hund immer gut zuhören, wenn der Mensch mit ihm spricht: Er möchte dann meistens etwas Bestimmtes ausdrücken.

Schwierig wird es dagegen, wenn Menschen nicht wirklich meinen, was sie sagen. Beispielsweise reden sie den Hund in autoritärem oder ärgerlichem Tonfall an, während ihr Gesichtsausdruck aber wirkt, als fänden sie irgendetwas ziemlich lustig. Wenn der Hund z.B. auf dem Tisch steht und aus der Blumenvase trinkt, kann er normalerweise davon ausgehen, dass der Mensch jetzt Ärger machen möchte. Manche Menschen aber nicht: Die amüsieren sich heimlich über irgendetwas. Es ist normalerweise trotzdem besser, umgehend vom Tisch zu springen und die Angelegenheit nicht mehr zu erwähnen.

Für viele Menschen macht das Wort „Nein" einen großen Teil ihres Vokabulars aus. Es muss dabei mit Bedacht verwendet werden: Ist der Tonfall zu scharf, könnte der Hund auf die Idee kommen, er wäre ungeliebt. Ein schöner Trick, ein „Nein" ein wenig abzuschwächen, ist es, mehrere „Neins" hintereinander auszusprechen, etwa ein „Neinneinnein" – die Betonung liegt in diesem Falle auf dem letzten „Nein". Eine weitere Abart des „Neinneinnein"s wäre ein „Neinneinneinnein". Dies hat sich auch als vernünftige Methode im Umgang mit einem sehr müden Hund erwiesen; vier Neins halten ihn auf jeden Fall länger wach als drei.

Eine hervorragende Variante des sehr entschiedenen „Neins" wird gerne von weiblichen Hundefreunden eingesetzt und klingt ungefähr so: „Nei-hein... Nei-hein... Das ist Pfuhui!" Die erste Silbe des „Neins" wird dabei höher gesungen als die zweite, ähnlich wie in dem Kinderlied „Kuckuck, Kuckuck, ruft's aus dem Wald". Diese Art des „Neins" ist keinesfalls unangenehm für den Hund und wird bestimmt nicht seine Gefühle verletzen.

Fritz sagt:

Grundsätzlich sollte der Umgang zwischen Mensch und Hund liebe- und verständnisvoll gestaltet werden. Hunde sind von Natur aus freundlich und dem Menschen zugetan und möchten so viel Zeit mit ihm verbringen, wie irgend möglich. Ich weiß von einem jungen Irischen Setter, der seine Wohnung mit einem Menschen teilte, der viel Zeit mit Lesen verbrachte. Der Setter versuchte, sich dieses Hobby seinerseits zu eigen zu machen, und probierte einige der Bücher, wobei er sich auf solche aus den unteren Regalreihen beschränkte. Der Mensch kannte sich mit moderner Psychologie aus und hielt nichts von Strafe, sondern sorgte stattdessen dafür, dass der Hund einfach an die Bücher nicht mehr herankam. Als der Hund größer wurde, baute er ein neues Regal; später schleppte er die noch übrigen Bände in den Keller. Daraufhin gab der Setter seine Bücherleidenschaft genauso auf wie sein Mensch. Die beiden gingen stattdessen viel im Wald spazieren.

Körperliche Signale

Weil Menschen vor allem visuell orientiert sind, reagieren sie meistens sehr gut auf kleine körperliche Signale. Weil sie dem Hund so gerne alles recht machen möchten, werden sie mit der Zeit sehr versiert darin, die Signale zu interpretieren, die der Hund ihnen mithilfe seiner Körperhaltung, Ohrenstellung oder seines Gesichtsausdruckes sendet.

Ohrenstellung, Kopfhaltung und Schwanzwedeln sind die einfachsten und effektivsten Erziehungswerkzeuge. Wer erreichen möchte, dass der Mensch den Fokus ganz auf den Hund ausrichtet, muss eigentlich nur die Ohren aufstellen – der Mensch wird sich umgehend fragen, was der Hund möchte. Aufgestellte Ohren mit einer leicht veränderten Kopfhaltung zu kombinieren, verstärkt den Effekt noch. Wenn man möchte, dass der Mensch etwas aufhebt oder anfasst, muss man die Ohren mit einem konzentrierten Starren auf das gewünschte Objekt verbinden. Wenn der Mensch eher dumpf veranlagt ist, kann es notwendig werden, ihn mit einem gebellten Kommando an seine Pflichten zu erinnern.

Menschen ihrerseits sind praktisch unfähig, ihre Gefühle zu verbergen. Sie verraten sich ständig durch ihren Gesichtsausdruck, ihre Körperhaltung oder ihren Tonfall. Mit ein wenig Übung ist es ganz leicht, diese „Stichwörter" zu lesen und zum Vorteil zu nutzen. Beispielsweise bedeutet das menschliche Lächeln, dass der Mensch sich über seinen Hund freut. Passiert dies z. B. während des Trainings, kann hund davon ausgehen, dass die angewandte Trainingsmethode Erfolg hat. Wenn der Mensch beim Training dagegen mit erhobener Stimme oder scharfem Tonfall reagiert, bedeutet dies, dass er mit sich selbst unzufrieden ist und das Gefühl hat, den Hund irgendwie im Stich gelassen zu haben. In diesem Fall zieht sich der Hund am besten für ein paar Minuten zurück und gibt dem Menschen Zeit und die Möglichkeit, wieder in sein seelisches Gleichgewicht zu kommen. Anschließend sollte er wieder auf ihn zugehen, möglichst mit aufrechter Rutenstellung zur Aufmunterung. Menschen machen nun einmal Fehler. Es ist wichtig, dass sie merken, dass Hunde nicht nachtragend sind.

Korrektur und Manneszucht

Menschen müssen verstehen lernen, dass sie nicht länger ihr eigener Herr sind, sobald sie einen Hund im Haus haben. Wenn der Mensch vorher noch nie einen Hund hatte, kommt er vielleicht auf die Idee, seinen natürlichen Instinkten zu folgen und einfach loszulaufen, wann es ihm ein- und gefällt. Der Hund muss seinem Menschen sanft, aber konsequent beibringen, dass er zu allen Zeiten und unter allen Umständen für seinen Hund verantwortlich ist. Von harten Strafen ist unbedingt abzusehen. Körperlicher Einsatz wie Rammen, Anstupsen, Sich-in-den-Weg-Stellen oder jemandem in die Kniekehlen springen sollte nur in den seltenen Fällen vorsätzlichen Ungehorsams eingesetzt werden. Ausdrückliches Demonstrieren von Dominanz durch Knurren oder Schnappen sollte nur in extremen Fällen wie etwa Gefahr im Verzug angewendet werden. Ernsthaftes Beißen, egal wie sehr der Mensch es auch manchmal verdient haben mag, muss unter allen Umständen ausgeschlossen werden.

Harry sagt:

Wir haben in all den Jahren nie die Pfote gegen Katharina erhoben, sie aber trotzdem praktisch vollständig von ihrer Angewohnheit kuriert, einfach auf- und davon zu gehen. Wann immer wir sehen, dass sie einen Koffer packt, legen wir uns davor (je nach Größe auch gerne direkt hinein) und betrachten sie schweigend aus großen, unglaublich traurigen Augen. Meistens packt Katharina daraufhin den Koffer wieder aus und sagt sämtliche Flüge und Termine ab mit der Begründung, sie wäre krank geworden.

Meistens kann schon ein anklagender Blick sehr viel mehr erreichen, als eine aus der Hand gestoßene Tasse Kaffee auf der Hose.

Bellen ist in vielen Fällen äußerst effektiv, sollte aber mit Bedacht eingesetzt werden.

Kläffen und Jaulen dagegen können den Menschen wunderbar darin bestärken, eine bestimmte Handlung auszuführen, während ein paar deutliche Beller für Befehle eingesetzt werden sollten, wie etwa, dass der Hund nach draußen gelassen werden möchte, der Mensch folgen soll, etc. Wer Zweifel hat, was den Unterschied zwischen Bellen, Kläffen und Jaulen ausmacht, dem seien die klassischen „Lassie"-Filme ans Herz gelegt. Die komplette Spielfilm-Kollektion ist mittlerweile auf DVD erhältlich.

Wenn etwas nicht so klappt, wie es klappen sollte, sollte hund seine Missbilligung auf konsequente, beherrschte Weise deutlich machen. Menschen lassen sich sehr leicht von den überlegenen Kräften eines Hundes einschüchtern – schon deshalb ist es wichtig, scharfe Zurechtweisung unter allen Umständen zu vermeiden, egal, wie schlecht das Benehmen war.

Wieder sind es die körperlichen Gesten, die gut funktionieren, möchte man den Menschen korrigieren. Wenn dem Hund etwas nicht passt, lässt sich das ganz leicht durch das Hängenlassen der Rute signalisieren: Normalerweise gerät der Mensch dann umgehend in mitfühlenden Rechtfertigungsdruck. Wenn man die gesenkte Rute noch mit abruptem Umdrehen und Weggehen kombiniert, versteht auch der unsensibelste Klotz die Botschaft, dass hund sehr, sehr enttäuscht von ihm ist. Diese ganz einfachen Techniken reichen häufig schon aus, um den Menschen an ganz normale gute Manieren zu erinnern.

Möbelstücke

Eines der ersten Dinge, die der Mensch lernen muss, ist, dass nur noch ganz bestimmte Möbelstücke für ihn zur Verfügung stehen. Die einfachste Lösung ist immer, ihm einen bestimmten Sitzplatz zuzuweisen – ein Holzschemel reicht völlig aus –, und ihm ganz klarzumachen, dass die restlichen Sessel dem Hund gehören.

Ein Hund hat schon genug damit zu tun, die Kissen und Polster durch Drehen, Ziehen und Zerren so in Form zu bringen, dass sie sich seinem Körper ergonomisch perfekt anpassen, ohne dass eine sicherlich wohlmeinende Person dauernd hinterherläuft und alles wieder glatt streicht.

Es ist ganz natürlich, dass der Mensch ab und zu ein bisschen lauter wird, wenn der junge, noch ungestüme Hund eine Vase umgeworfen oder versehentlich die Fransen eines alten orientalischen Teppichs abgefressen hat.

Häufiges und unkontrolliertes Lautwerden ist allerdings abzulehnen und stört nicht nur den Hund, sondern auch die Nachbarn und sollte sofort unterbunden werden. Jegliche Korrekturmaßnahmen müssen so stattfinden, dass der Mensch gar nicht merkt, dass er bestraft wird. Wenn er beispielsweise fortfährt, den Hund ohne Punkt und Komma anzuschnauzen, sollte der Hund auf seinen Schoß springen, als wolle er gestreichelt werden, und dabei wie aus Versehen die Brille herunterwischen. Bis der Mensch die Brille wiedergefunden hat oder aufgestanden ist, um die Ersatzbrille zu suchen, ist das Anschnauzen von vorhin längst vergessen. Auf diese Weise etabliert der Hund ganz subtil den Führungsanspruch, ohne dass der Mensch es merkt.

Gehen an der Leine

Menschen lassen sich von ihren eigentlichen Aufgaben sehr leicht ablenken, weshalb sie bei Ausflügen häufig trödeln. Weil sie außerdem nur einen ziemlich dürftigen Geruchssinn besitzen, neigen sie dazu, in schnurgeraden Linien spazieren zu gehen, wodurch sie einen Großteil der Wunder und Reichtümer der Umwelt schlicht verpassen. Wenn man nicht von Anfang an konsequent daran arbeitet, können diese menschlichen Unzulänglichkeiten dazu führen, dass man sein Leben mit faden, routinemäßigen Ausflügen verbringen muss. Glücklicherweise gibt es die Leine!

Um den Menschen an dieses Werkzeug zu gewöhnen, lässt der Hund ihn die Leine erst einmal eine Stunde oder so hinter ihm durchs Haus hertragen, während er bettelt: „Fifi, komm' her! Komm' zu mir, Fifi! Sei brav, Fifi", etc. Sobald er den Hund fast erreicht hat, schlägt dieser geschickt einen Haken oder läuft schnell unter dem Sofatisch hindurch, so dass er gerade entwischt. Sollte der Mensch das Interesse verlieren, legt sich hund ostentativ auf den Teppich und tut so, als würde er ein Nickerchen machen. Wenn der Mensch sich dann mit einer plötzlichen Bewegung auf den Hund stürzt, entkommt dieser ihm am besten mit einem Satz zwischen den Beinen hindurch, setzt sich dann auf der anderen Seite hin, lächelt und wedelt, um für die Bemühungen zu loben.

Wenn der Mensch sich an die Leine gewöhnt hat, wird das eine Ende der Leine am Halsband befestigt – oder vorzugsweise einem Brustgeschirr, weil der Hund auf diese Weise seine Zugkraft hervorragend maximieren kann – , das andere Ende hält der Mensch fest, damit er nicht entkommen kann. Nun geht der Hund langsam los und hält an jedem einzelnen Laternenpfahl und jeder Hausecke, damit der Mensch sogleich begreift, wer das Tempo des Spaziergangs bestimmt. Falls der Mensch an der Leine zerrt und zieht, kann der Hund ihn davon leicht abbringen, indem mit etwas Geschick die Leine schnell und fest um die menschlichen Knöchel gewickelt wird.

Sobald der Mensch gelernt hat, mit dem Hund Schritt zu halten, kann dieser leicht antraben, um dann das Tempo stetig zu einem fließenden Galopp zu steigern, bis der Mensch buchstäblich hinterherfliegt. Wenn der Mensch noch Anfänger ist und versucht, vor dem Hund zu gehen, lohnt es sich, ganz plötzlich alle vier Füße in den Boden zu rammen und stehen zu bleiben, so dass der Mensch – für zusätzlichen Lerneffekt möglichst mit Purzelbaum – auf die Nase fällt: Auf diese Weise bestraft er sich sozusagen selbst, wie hund so schön sagt. Sobald der Mensch anfängt, hinterherzutrödeln, macht der Hund einen großen Satz nach vorne und reißt die Leine mitsamt dem Arm des Menschen scharf nach vorne. Anschließend sollte die Leine sofort wieder locker durchhängen.

Der Mensch wird möglicherweise die Balance verlieren, sich in jedem Fall erschrecken und schimpfen – aber das macht nichts. Nach mehreren Erfahrungen dieser Art wird der Mensch seinem Hund artig folgen, wohin auch immer ihr Pfad sie führen mag.

Bis sie wirklich zuverlässig erzogen sind, werden Menschen eine Weile mit dem Hund Schritt halten – dann aber erneut anfangen, das Tempo empfindlich zu verringern. An dieser Stelle muss die Korrektur ein bisschen verschärft werden: Ein guter Trick ist es, wenn sich der Hund mit vollem Gewicht plötzlich zur Seite wirft. Der Effekt dieses Manövers ist beeindruckend. Nicht nur wird der Mensch damit seinerseits zur Seite geworfen, gleichzeitig wird ein unangenehmer Druck auf das Schultergelenk ausgeübt (wenn der Hund zu den besonders großen Rassen gehört, ist hierbei allerdings Vorsicht geboten, um die Schulter des Menschen nicht vollständig auszurenken).

Sobald der Mensch wirklich leinenführig ist, kann man mit fortgeschritteneren Gehorsamkeits-Nummern anfangen wie ausgedehnten Weitsprüngen oder Hürdenlauf. Am besten wird ein passender

Moment ausgewählt, in dem der Mensch beispielsweise eine Einkaufstüte trägt oder ein Tablett mit Kaffee-to-Go – und der Hund rast ohne jede Vorwarnung hinter der Nachbarskatze her. Bis der Mensch über mehrere Mauern, einen Gartenzaun und ein oder zwei hohe Buchsbaumhecken gescheucht ist, wird er sich zu einem kompetenten Hindernisläufer entwickelt haben und sich für die offene Klasse eines Agility-Turniers qualifizieren können.

Ida sagt:
Immer daran denken, der Mensch soll erzogen, nicht verletzt werden.

Apportieren

Keine Erziehung ist vollständig, solange der Mensch nicht fehlerfrei das Apportieren beherrscht. Jeder Mensch sollte zuverlässig das Lieblingsspielzeug seines Hundes wiederfinden können, wo immer der dieses fallen gelassen hat, oder gutgelaunt und prompt den Ball suchen und unterm Schrank hervorholen, wenn der Hund ihn wiederhaben möchte. Er soll das Objekt dabei auch willig und freundlich an den Hund abgeben. Glücklicherweise ist es nicht so schwierig, dem Menschen das Apportieren beizubringen, wie es vielleicht klingt. Den meisten Menschen ist das Aufheben von Dingen vom Boden angeboren, und der Durchschnittsmensch braucht nur die kleinste Ermunterung von seinem Hund, um ein wirklich brauchbarer Retriever zu werden.

Ida sagt:

Wollt Ihr wissen, wie sehr Euer Mensch Euch wirklich liebt? Spielzeug richtig sorgfältig rundum einspeicheln (ihr Golden- und Labrador Retriever da draußen wisst nur zu gut, was ich meine!) und es dem Menschen dann auf den Schoß fallen lassen. Wenn der Mensch es mit Selbstverständlichkeit in die Hand nimmt und wirft – bingo! Das ist Liebe.

Ein schöner Plan ist es, mit einem bekannten Spielzeug zu beginnen, etwa einem Gummiball. Der Hund nimmt seine Position in der Mitte des Wohnzimmers ein, der Mensch trägt den Ball zur einen Seite des Raumes, spuckt ein paar Mal darauf (ein bislang noch unerforschtes, rätselhaftes Ballspiel-Ritual des Menschen) und lässt ihn auf den Hund zurollen, während er immer wieder den gleichen Satz wiederholt: „Such'

das Bällchen! Such'!" Der Hund betrachtet den Ball, der an ihm vorbei und schließlich unter das Sofa oder das Bücherregal rollt. Der Mensch geht daraufhin zum Bücherregal, kniet sich hin, holt den Ball hervor und rollt ihn erneut zum Hund. Der Hund beobachtet, wie der Ball an ihm vorbeirollt, gähnt, und schließt die Augen. Das Spiel lässt sich mehrfach wiederholen, bis der Hund schließlich eingeschlafen ist. Sobald der Mensch gelernt hat, den Ball jedes Mal mit dem Wort „Such'!" zuverlässig zu apportieren, kann man das Apportieren auf andere Gegenstände ausweiten, wie etwa angekaute Hausschuhe, Zeitungen, etc.

Zögerliche Ballwerfer

Ein kleiner Teil der Menschheit gehört zu der Gruppe der unwilligen Ballwerfer und benötigt immer wieder eine extra Aufforderung. Der Schlüssel hier ist, den Menschen dazu zu bringen, dass er den Ball unbedingt haben will.

Der Hund hopst spielerisch mit dem Ball im Maul auf den Menschen zu – aber anstatt den Ball zu seinen Füßen abzulegen, „wirft" er den Ball seitlich und beschleunigt dann, um ihn wieder aufzuheben. Dies wiederholt er ein paar Mal und zeigt von Mal zu Mal mehr Enthusiasmus. Dann bleibt der Hund plötzlich ganz nah neben dem Menschen stehen und starrt ihn begeistert an.

Menschen finden derlei Verhalten absolut unwiderstehlich und müssen nun nach dem Ball greifen. Der Hund wirft sich zur Seite, hopst davon und bleibt dann verführerisch nahe beim Menschen stehen – ungefähr nach dem zweiten Mal wird der Mensch verlangen, dass man ihm den Ball überlässt. Der Hund sollte Widerwillen vortäuschen und den Ball fallen lassen – der Mensch wird ihn triumphierend aufheben. Ab diesem Moment ist der Mensch wieder voll unter Kontrolle.

Ab und zu sollte der Hund sich auch weigern, den Ball überhaupt abzugeben. Der Mensch wird protestieren, aber der Hund sollte konsequent bleiben. Beim nächsten Mal wird der Mensch nur noch erpichter darauf sein, an den Ball zu kommen.

Loyalität

Menschen kommen manchmal auf sehr merkwürdige Ideen: Sie möchten dauernd bewiesen bekommen, ob und wie sehr sie geliebt werden. Ein beliebter Loyalitäts-Test des Menschen ist es, den Hund zwischen sich und eine andere Person zu setzen, die der Hund sehr schätzt. Dann soll der Hund mit lockenden Gesten beziehungsweise gurrenden Rufen und Betteln dazu gebracht werden, auf einen der beiden zuzulaufen: Menschen denken, auf diese Weise würde der Hund eine bestimmte Vorliebe für einen der beiden demonstrieren. Eine derartige Zurschaustellung ist absolut beleidigend. Wenn der Mensch einen Zirkus veranstalten möchte, soll er sich einen Clown oder einen Schimpansen zulegen. Die Liebe und Loyalität eines Hundes sollte nicht als Amüsement für andere missbraucht werden. Wenn der Mensch also versucht, den Hund zu einem solchen Trick zu zwingen, muss hund ihn brutal auflaufen lassen, einfach aus der Mitte in eine andere Richtung weggehen und sich nicht weit entfernt mit verachtendem Gesichtsausdruck schlafen legen. In ihrem eigenen Interesse ist zu hoffen, dass Menschen im zwischenmenschlichen Bereich auf derlei Tests verzichten.

Hundeschulen

Ein Wort zu Hundeschulen: Manche Menschen lassen sich grundsätzlich von keinem Erziehungskonzept überzeugen; sie haben Mühe, ihren Hund als Führungspersönlichkeit anzuerkennen, und wollen auch nicht glauben, dass er es besser weiß als sie. In diesen Fällen lohnt es meistens, sich professionelle Hilfe zu suchen: Jeder weiß schließlich, dass – entgegen ihrer Bezeichnung – Hundeschulen dafür da sind, den Menschen zu erziehen. Wenn man ehrlich ist, können Hunde dort nichts lernen, was ihnen wirklich nützen würde: Weder, wie man erfolgreich Eichhörnchen jagt, noch, wie man sich am effektivsten in faulig-stinkenden Dingen wälzt oder welche Dinge essbar sind und welche nicht. Alles andere können Hunde in Wirklichkeit ja schon.

Hunde wissen genau, wie man sich hinsetzt – der Mensch ist nur nicht in der Lage, ihnen klarzumachen, wann und wie. Genau dafür wurden Hundeschulen erfunden. Dementsprechend gehören diesen Fakultäten gewöhnlich Experten in Psychologie an; manche kennen sich sogar mit Hunden aus. In der Mitte steht gewöhnlich eine Art Dompteur, der nach Art von Motivationstrainern gute Laune versprüht, die Hunde lobt und den Menschen Befehle an den Kopf wirft, ihnen erklärt, dass ihre Körpersprache lausig ist, sie insgesamt viel zu langsam agieren und die Gründe aufzählt, warum der Hund sie gar nicht verstehen kann. Menschen lieben so etwas, denn seit dem Alten Preußen gehört Gehorsam beim Menschen zu den beliebtesten Tugenden. Viele Hunde zögern, sich derlei organisierten Gruppenveranstaltungen anzuschließen, weil sie fürchten, sie könnten sich bei dem Prozedere langweilen.

Wenn der Hund allerdings erst einmal in den Unterricht hineinschnuppert, stellt er bald fest, dass in der Hundeschule Erziehung plötzlich kein Machtkampf mehr ist, bei dem die eine Partei versucht, ihre Weltanschauung auf die andere Partei zu übertragen. Stattdessen ist sie ein lustiges Spiel mit Gewinnern, Verlierern und unterschiedlichen Schwierigkeitsgraden. Das Ziel des Hundes besteht darin, die Regeln, die der Mensch aufgestellt hat, dem Anschein nach zu akzeptieren, aber anschließend nach allen Regeln der Kunst geschickt zu umgehen: Hierbei lassen sich viele spannende Manöver durchführen, vor allem, wenn der Hund verstanden hat, dass der Mensch durch sein permanentes schlechtes Gewissen praktisch unfähig ist, das Ziel im Auge zu behalten. Am Ende ist der Erziehungserfolg auf beiden Seiten gewöhnlich gleich groß.

— *Harry sagt:* —

Sorgen Sie dafür, dass Ihr Hund Sie versteht. Lernen Sie zuerst einmal, Worte korrekt und deutlich auszusprechen. Versuchen Sie nicht, mit Ihrem Hund in seiner Sprache zu kommunizieren, auch wenn das für Sie leichter sein mag als korrektes Deutsch. Die meisten Menschen lernen es nie, anständig zu bellen.

Vergessen Sie nicht: Freundlichkeit ist Trumpf. Ein glücklicher Hund ist immer noch besser als 100 unglückliche Hundebesitzer.

Fritz sagt:
Wie man aus gewöhnlichen Haushaltsdingen Spielsachen macht

Es passiert öfter, als es sollte: An regnerischen Tagen wird man allein zuhause gelassen und langweilt sich halb tot. Nach dem Morgenspaziergang zieht der Mensch seinen Mantel an, streichelt einem kurz über den Kopf und verschwindet für endlose Stunden. Die ganzen guten Quietschspielsachen klemmen unter dem Sofa, der Büffelhautknochen schmeckt nach nichts – aber anstatt auf den Fußboden zu pieseln (was sehr amüsant sein kann, wenn auch nur als kurzes Vergnügen!), nehmt euch die Zeit und seht euch einmal genau um. Ihr werdet sehen: Mit ein bisschen Fantasie liegt ein komplettes Spielparadies genau vor euren Zähnen.

Ein Kauspielzeug ist ein haltbares Objekt, das bequem in euer Maul passt und ein bisschen Widerstand leistet, wenn man darauf herumkaut. Unter den klassischen Hundespielsachen sind Kauspielzeuge am weitesten verbreitet, aber solche von guter Qualität sind eher selten. Hier sind ein paar der am besten geeigneten Gegenstände, die man im Haus finden kann:

Socken

Sicherlich das am weitesten verbreitete Kauspielzeug. Socken sind nichts weiter als Schläuche, die sich Hundemenschen über die Füße ziehen. Meistens findet man sie am Fußende oder unter dem Bett. Sie riechen stark nach Mensch, ulso sind sie besonders tröstlich, wenn man gerade etwas einsam ist. Packt die Socke fest und schüttelt sie wie verrückt! Wenn der Mensch nach Hause kommt und versucht, einem die Socke wieder wegzunehmen, wandelt sich das Kauspiel zu einem wunderbaren Zieh- und Zerrspiel.

Stühle

Nicht alle Stühle eignen sich zum Kauspielzeug: Nur die großen, gemütlichen Sessel bieten eine Art Herausforderung. Umkreist den Sessel ein paar Mal und beißt gelegentlich hinein, um herauszufinden, welcher Teil am besten zum Kauen geeignet scheint. Wenn Ihr die weichste Stelle gefunden habt, greift zu! Findet heraus, ob ihr den dicken, äußeren Polsterstoff so lochen könnt, dass ihr an das weiche, zähe Füllmaterial herankommt: Zerrt, reißt, zieht, was das Zeug hält! Wenn der Mensch nach Hause kommt, wird er wahrscheinlich einen Tobsuchtsanfall bekommen. Keine Sorge: Sobald er sich beruhigt hat, wird er euch den Sessel als euren neuen Schlafplatz überlassen.

Action-Figuren, Barbie-Puppen oder Bauernhoftiere

Kinder mögen diese Spielsachen, aber auch sie müssen lernen, was es heißt, zu teilen. Diese Spielsachen sind nicht sehr groß, also muss man aufpassen, dass man sie nicht verschluckt, aber es gibt einen wunderbaren Widerstand, wenn man darauf herumkaut! Nachdem man sich mit diesen Spielsachen ausgiebig amüsiert hat, verschwindet auf magische Weise jegliche Bindung der Kinder zu diesen Spielsachen.

Duschvorhänge

In den meisten Heimen gibt es diese Dinger dort, wo man das beste Trinkwasser findet (mal abgesehen von der Toilette). Packt eine Ecke mit den Zähnen und zieht! Zieht! Wenn ihr das Ding schließlich besiegt und zu Boden gerungen habt, tragt euren Hauptgewinn in euer Körbchen, damit euer Mensch gleich erkennt, was für ein harter Hund ihr seid.

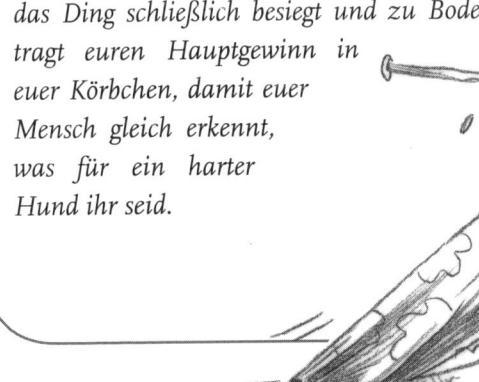

Schubladen

Diese eignen sich nur für fortgeschrittene Zieher und Zerrer. Schubladen sind eine echte Herausforderung, weil sie so wenig bieten, was man festhalten kann. Wenn man allerdings endlich Erfolg hat und es schafft, die Schublade aus ihrer Ruheposition zu bewegen, hat man den zusätzlichen Bonus in Form einer ganzen Ladung von Kauspielzeugen. Manchmal ist sogar genug Zeug darin, um sich ein Bett zu bauen! (Siehe: „Wie man sich ein Bett aus der Schmutzwäsche des Menschen baut.")

Decken und Laken

Ihr findet Decken und Laken dort, wo euer Mensch schläft – sofern er nicht auf dem Sofa oder in einem Schlafsack nächtigt. Decken und Laken lassen sich nicht so leicht bewegen wie Teppiche, also muss man ein wenig wühlen und herumziehen, um zum Erfolg zu kommen. Zuerst müsst ihr die Ecken der Decken oder Laken hochziehen. Sobald zwischen Decke und Laken ein Spalt sichtbar wird, steckt eure Nase hinein und stemmt euch dagegen. Sobald ihr es geschafft habt, euren Kopf darunterzustecken, ist der Rest Heimspiel. Kriecht zwischen Matratze und Laken oder Laken und Decke, bis ihr vollkommen bedeckt seid, dann dreht euch herum. Auf diese Weise könnt ihr jeden rechtzeitig wittern, der möglicherweise in spielverderberischen Absichten hereinkommt, während ihr spielen könnt, ihr wäret ein schlafender Mensch. Dieser Spaß kann ewig (Stunden) dauern.

Teppiche

Diese liegen auf den Böden der meisten Heime. Manche sind groß, manche klein, aber sie alle haben Ecken, auf die ihr euch konzentrieren solltet. Nehmt Anlauf auf die eine, kürzere Seite des Teppichs und schlittert direkt darauf zu: Wenn ihr es richtig macht, schiebt sich der Teppich in der Mitte hoch, so dass eine Art Mini-Tunnel entsteht. Wühlt euch dort hinein: ihr seid jetzt unsichtbar! Wartet, dass irgendjemand ahnungslos vorbeikommt und erschreckt ihn ordentlich.

Körperpflege

Sauberkeit ist notwendig und wichtig. Die beste Abstammung, das seidigste Fell, die glänzendsten Augen helfen nicht weiter, wenn der Mensch an der Seite des Hundes seinerseits aussieht wie ein ungepflegter Streuner. Nichts ist für einen Hund unangenehmer, als mit einem ungepflegten Menschen in der Öffentlichkeit auftauchen zu müssen.

Regelmäßiges Bürsten oder Kämmen alle paar Tage macht aus dem Struppigsten wieder einen präsentablen Begleiter. Falls der Hund weiße oder helle Haare hat und der Mensch gerne dunkle Farben trägt, wird das tägliche Bürsten fast automatisch zur Gewohnheit.

Baden ist nur in schweren Fällen notwendig. Sollte der Mensch allerdings unangenehm nach Parfum oder Nikotin riechen, bewirkt ein gründliches Einweichen in Seifenlauge wahre Wunder. Wenn der Mensch nicht von alleine zum Baden zu bewegen ist, kann der Hund ihn eventuell dazu verleiten, indem er so tut, als bräuchte er selbst ein Bad. Die meisten Menschen sind der Meinung, Hunde würden Baden nicht mögen. Der Hauptgrund für diese Annahme ist, dass Hunde es tatsächlich hassen, gebadet zu werden. Einige nehmen Baden zwar mit stoischer Haltung und Engelsgeduld hin, ohne zu viel Aufhebens davon zu machen, aber diese Hunde sind

die wahren Märtyrer ihrer Gattung: allen voran die Pudel. Beim Dachverband des Hundewesens wird bereits darüber diskutiert, ob und auf welche Weise sich die Heiligsprechung organisieren lässt.

Es gibt einen tiefenpsychologischen Grund für die starke Aversion von Hunden gegenüber Seife und klarem Wasser: Die meisten von ihnen sehen überhaupt keinen Grund dafür, gebadet zu werden. Der Mensch mag der Ansicht sein, der Hund röche nicht mehr ganz frisch, aber dies ist eine Sache der Anschauung. Für andere Hunde riecht er nämlich sehr gut. Im Gegenteil: Ein gebadeter Hund wird von seinen Hundefreunden häufig geächtet, bis er wieder wie er selbst riecht.

Normalerweise braucht der Mensch also Geduld, Verständnis und große körperliche Kraft, um seinen Hund zu baden. Wenn der Hund nun also so tut, als bräuchte er ein Bad – vorangegangenes, gründliches Wälzen in Kuhfladen, Aas u. Ä. wird den Menschen schnell auf die richtige Idee bringen –, wird der Mensch nicht lange zögern.

Sobald der Mensch die Wanne ein wenig gefüllt hat, sollte der Hund unverhofft hineinspringen und den Zweibeiner sorgfältig bespritzen. Nachdem der Mensch den Hund komplett abgeduscht hat, sollte dieser sich gründlich schütteln und den Menschen dabei von Kopf bis Fuß durchnässen. Dieses Prozedere wird wiederholt, nachdem der Mensch den Hund a) eingeseift und b) erneut abgespült hat. Anschließend sollte der Hund in großen Sätzen durch das Haus rasen, über Tisch, Bänke, Sofa und Sessel. Bis er den Hund einfangen hat, wird der Mensch wieder vollständig trocken sein. Ein trockener Mensch ist besser als ein nasser.

Katzen

Die merkwürdige menschliche Psychologie führt manchmal dazu, dass sie sich zusätzlich zu ihrem besten Freund, der ihnen loyal in dick und dünn und quer durch alle Lebenslagen zur Seite steht, eine Katze anschaffen. Und zwar offensichtlich, weil Katzen gerade die Eigenschaften, die der Mensch jahrelang per Überredung, Wutanfällen oder klassischer Konditionierung mithilfe von Wiener Würstchen dem Hund einzutrichtern versucht, eben nicht besitzen. Das verstehe, wer mag, nicht mal der Mensch kann es erklären, wenn er gefragt wird. Weil der Hund nicht sprechen kann, fragt ihn sowieso keiner.

Die meisten Hunde pflegen eine lebenslange Obsession mit Katzen, weil diese solch widersprüchliche Wesen sind: Sie sind unglaublich fähige Fluchttiere, die draußen umgehend auf Bäumen, Mauern oder unter Autos verschwinden, sobald sie eines Hundes ansichtig werden – sind allerdings weder Baum, Mauer oder Auto vorhanden, bleiben sie stehen und zerkratzen dem Hund das Gesicht. Warum hauen sie dann überhaupt ab, wenn sie sich doch in Wirklichkeit so gut wehren können? Das ist den Hunden dieser Welt ein ewiges Rätsel, das wohl nie gelöst werden wird.

Ist die Katze erst einmal im Haus, muss der Hund sich irgendwie mit ihr arrangieren. Das ist insofern einerseits nicht so schwierig, weil Katzen sich normalerweise ihrerseits um Hunde nicht wirklich kümmern. Sie genießen Vorteile im Haus, die der Hund ihnen nur schwer verzeihen kann: Sie bekommen ein Futter, das unglaublich intensiv riecht, sie dürfen überall herumlaufen und müssen bei Regen nicht spazieren gehen, sondern dürfen in einer Box aufs Klo gehen.

Sie dürfen ohne Diskussionen beim Menschen auf dem Schoß sitzen, sie hören nie auf ihren Namen, solange das Begleitgeräusch nicht der Dosenöffner ist, Katzen legen sich immer mitten auf die Zeitung, wenn der Mensch gerade darin lesen will, und der findet es gar nicht schlimm.

Die Katze findet das alles völlig normal und bemüht sich nicht im Geringsten, den Hund in diese Vorteilsbehandlung miteinzubeziehen: Im Gegensatz zu Hunden sind Katzen keine Demokraten, sondern Prinzessinnen – der üblen Sorte, derer mit Erbsen unterm Kissen.

Ab und zu hört man von Hunden, die eine Art Freundschaft mit einem Katzentier entwickelt haben. Das passiert normalerweise, weil die Katze irgendwann das unterwürfige Verhalten und die ständige Selbsterniedrigung des Menschen ihr gegenüber satt hat und sich nach Kommunikation mit ei-

ner gewissen Tiefe sehnt. Im Gegenzug lässt sie sich häufig dazu herab, Kopf und Ohren des Hundes zu säubern.

Dennoch sind Katzen emotional nicht zuverlässig – von einem Moment auf den anderen können sie plötzlich genug haben und demonstrieren diesen Launen-Umschwung gewöhnlich per scharfer Ohrfeige, oder sie stehen einfach auf und gehen weg, als hätten Hund und Katze nicht gerade einen unwiederbringlichen Moment der Nähe geteilt, als wäre da nichts zwischen ihnen.

Der Hund braucht gar nicht erst versuchen, Katzen zu verstehen: Daran sind schon ganz andere gescheitert. Seine einzige Genugtuung ist es, dass in der Tat kein Fall bekannt ist, in dem eine Katze den Menschen zu Freunden, ins Restaurant oder in den Wald begleiten durfte (Letzteres höchstens ohne Wiederkehr). Das nennt man ausgleichende Gerechtigkeit.

Der Hund und Tischmanieren

Das Tempo, mit dem Hunde ihr Futter verschwinden lassen, gehört zu den großen Naturwundern. Das liegt daran, dass Hunde in der Lage sind, ihre Mahlzeit komplett und auf einmal zu schlucken, ohne wertvolle Zeit mit Kauen zu verschwenden. Der Grund dafür ist, dass Hunde immer befürchten, Menschen könnten ihnen wegessen, was ihnen zusteht, und meist beruht diese Angst auf tatsächlichen Erfahrungen. Entgegen landläufiger Meinung der Menschen ist der Hund kein Alles-, sondern vornehmlich ein Fleischfresser. Und es ist eben dieser karnivore Instinkt, der

Hunden verrät, wo sie Roastbeef, Lammrücken oder Kalbspastete finden können. Wenn es allerdings unbedingt sein muss, überwindet der Hund seine natürlichen Vorlieben ganz selbstlos und macht keinen großen Unterschied mehr, was er frisst – sei es Schwarzwälder Kirschtorte, Spaghetti Arrabiata oder Kartoffelsalat.

Tatsächlich ist der Hund der in den meisten Fällen berechtigten Meinung, der Mensch habe keinerlei Gefühl für eine ausgewogene Mahlzeit, sobald es um ihn selber geht: Stattdessen isst der Mensch alles, was vor ihm auf dem Teller liegt – sei es nun gut für ihn oder nicht. Ein kurzer Blick auf den mittleren Teil des menschlichen Körpers reicht gewöhnlich schon, wenn man herausfinden möchte, ob die Versorgung angemessen ist oder in der Menge etwas reduziert werden sollte.

Manche Hunde haben ein äußerst effizientes System entwickelt, bei dem sie kerzengerade direkt neben dem Menschen am Tisch sitzen, um mit großer Geschwindigkeit alles vom Teller zu schnappen, was schwerverdaulich sein könnte, wie etwa ein saftiges Steak, ein Schnitzel oder ein Lammkotelett.

Auch die Trinkgewohnheiten des Menschen müssen häufig reguliert werden, wenn sich herausstellt, dass sie eine Neigung zu aufschwemmenden Getränken wie z. B. Bier oder Cocktails haben. Der Hund kann den Menschen dabei fabelhaft vor sich selber schützen, wenn er ihn beispielsweise anspringt und dabei das Getränk verschüttet, oder taktvoll das Glas mit einem Schwanzwedeln vom Sofatisch wischt.

Luise sagt:

Hunde werden seit Zehntausenden von Generationen vom Menschen gezüchtet, und das Ergebnis ist eine eindeutige Veranlagung für genetisch manifestiertes „Servicedenken" beim Menschen dem Hund gegenüber. Sie wollen dem Hund gefallen und es ihm möglichst recht machen. Es gibt natürlich auch Problem-Menschen. Manche von ihnen sind stur und widerborstig und müssen dementsprechend konsequenter und strenger erzogen werden, damit aus ihnen ein angenehmer Begleiter wird. Andere wiederum haben einfach keinen Geschmack und wählen mit schlafwandlerischer Sicherheit immer wieder Dinge wie Halsbänder, Leinen oder – viel wichtiger! – Hundefutter, die schlicht weit unter dem normalen Standard liegen. Die in diesem Kapitel beschriebenen Erziehungstechniken, mit denen man Menschen davon abbringt, dem Hund unbefriedigende Lebensmittel vorzusetzen, sind unkompliziert und funktionieren bei angewandter Konsequenz garantiert. Wie wichtig es sein kann, sich in Essensdingen rechtzeitig durchzusetzen, wird so richtig eminent, wenn der Mensch beispielsweise versucht, seinem Hund vegetarisches Futter vorzusetzen wie Tofu oder auf Sprossen basierendes Hundefutter mit Dinkel und Zucchini. Viele Hunde verstehen erst dann den großen Ernst der Situation.

Die Ernährung des modernen Hundes

Was die Ernährung des Hundes betrifft, gehört die unglaubliche Auswahl von Hundefutter, die der Mensch für seinen besten Freund kreiert hat, zu den großen Vorzügen modernen Lebens. Es gibt ein breites Spektrum an Futtersorten – von exzellent, ausgewogen, natürlich und nahrhaft bis hin zu so gruselig, dass hund es nicht einmal einer Katze vorsetzen würde. Insgesamt sind die Varianten des Fertigfutters dabei unendlich viel besser als noch vor zwanzig Jahren – zweifellos ein direktes Resultat der fortgeschrittenen Erziehung des Menschen durch seinen Hund. Der Hund von Welt kann zwischen einer interessanten Auswahl verschiedener Trockenfutter, geschmacksintensiven Dosenfuttersorten oder halbfeuchtem Futter wählen, nebst einem reizvollen Spektrum verschiedener Arten Frischfleisch und getrockneter Schweinereien in Form von Lamm-, Rind-, Kaninchen- oder eben Schweineohren, Gurgeln, Peseln, etc. Der Mensch scheut keine Mühe, es seinem Hund artgerecht munden zu lassen. Fertigfuttersorten werden mittlerweile nicht mehr nur nach Altersgruppen – Welpenfutter, Maintenance oder Seniorenfutter – aufgeteilt, sondern auch nach Größe des Hundes in Small, Medium und Large (als wäre ein Hund ein T-Shirt).

Inzwischen bieten führende Hersteller das Futter sogar sortiert nach Hunderassen an. Es ist wissenschaftlich bisher nicht erforscht, ob und welchen Schaden es anrichten kann, wenn ein Dackel Pudelfutter bekommt oder ein Hütehund Pinscherfutter, aber verlässliche Quellen berichten, mittlerweile würde an „Post-Klimakteriumsfutter" gearbeitet, und ein „Pre-Spaziergangs-Power-Snack" wird auch gerade entwickelt.

Es sollte nicht verschwiegen werden, dass Hunde zu gewissen Anlässen finden, dass menschliche Ernährung dem Hundefutter deutlich vorzuziehen ist, beispielsweise an Weihnachten, Geburtstagen, oder wenn Gäste erwartet werden. Es ist nicht besonders freundlich, Hunde von diesen Gelegenheiten auszuschließen – schließlich gehört der Hund doch zur Familie, nicht wahr?

Manieren am Tisch

Der Großteil der Hundeleute macht sich viele Mühen, um den Hund mit exzellent zubereiteten oder artgerechten Futtermitteln zu versorgen. Es gibt allerdings eine – wenn auch kleine – Gruppe Problemmenschen, die geizig sind oder schlicht versuchen, ihre persönlichen Ernährungsneurosen auf den Hund auszuweiten.

Hunde, die unzufrieden sind mit dem Futter, das ihnen von ihren Menschen angeboten wird, sollten dies deutlich machen, indem sie eine Mahlzeit komplett auslassen oder mit gespitzten Lippen einige wenige Happen fressen und dann seufzend mit hilflosem Blick vor dem Napf stehen bleiben.

Die meisten Hunde ziehen es vor, abseits von vielen Geräuschen und Ablenkungen zu essen; andere sind durchaus gewillt, Nahrungsmittel mit dem Menschen zu teilen. Menschliches „Essen vom Tisch" kommt in sehr unterschiedlicher Qualität vor – eine erstaunlich hohe Zahl von Menschen ist schlicht inkompetent, was die Zubereitung von Lebensmitteln betrifft.

Hunde, die geneigt sind, den Tischmahlzeiten ihrer menschlichen Mitbewohner beizuwohnen, sollten dies mit Bedacht tun, bis sie mit Sicherheit feststellen konnten, dass die Küche sich auch lohnt.

Es gibt verschiedene Möglichkeiten, mit denen der Hund versuchen kann, während des Essens die Aufmerksamkeit der Menschen zu erlangen, von denen er sich Nahrung erhofft. Offensichtliches, vulgäres Betteln durch Anstupsen, Jammern oder Bellen steht selbstverständlich außer Frage. Der Hund von Welt merkt dies bald und belästigt Gäste und Familie nicht weiter, sondern bemüht sich möglichst vor Anfang der

Mahlzeit, sich einen Großteil der zur Verfügung stehenden Lebensmittel einzuverleiben, oder er sorgt anschließend für Resteverwertung aus dem Mülleimer.

Die meisten Menschen bieten Hunden ganz instinktiv kleine Bissen ihres Essens an. Wenn sie das nicht tun – aus Schüchternheit vielleicht –, ist ein gewisser körperlicher Einsatz gefragt. Die meisten Menschen sind entzückt, wenn der Hund sich neben ihnen kerzengerade auf die Hinterbeine setzt – obwohl sie selbst das ihrerseits seit vielen Jahren tun. Die Reaktion ist gewöhnlich der Ausruf: „Wie niedlich!" Kleine Häppchen folgen umgehend.

Sehr gut funktioniert auch, das Essen des Menschen mit intensiver Konzentration anzustarren. Dies signalisiert ihm, dass man durchaus willens und bereit ist, mit ihm zu teilen. Wem die anschließend gereichten Portionen zu klein sind, sollte versuchen, zusätzlich die Ohren aufzustellen oder den Kopf leicht zur Seite zu neigen. Menschen reagieren sehr gut auf positive Verstärkung, und eine wirklich schmackhafte Zubereitung eines bestimmten Gerichts verdient ein großes Lob. Wenn man also mit der Koch-Leistung zufrieden war, kann es nicht schaden, dies durch ein paar kleine Darbietungen zu demonstrieren, wie Männchen machen, anschließend eine Rolle und weitere kleine Gesten, die Begeisterung demonstrieren. Menschen lieben so etwas.

Erweist sich die Kochkunst des Menschen als zufriedenstellend, genießt der Hund Vorteile auf mehreren Ebenen: Einerseits die regelmäßigen, „artgerechten", privaten Mahlzeiten, die andererseits nach Gusto des Hundes mit Menschenessen ergänzt werden. Hunde werden bald feststellen, dass ein solcher Konsens nicht nur die Menüvarianten des Speiseplans deutlich erhöht. Menschen, die gelernt haben, ihr Essen zu teilen, sind auch deutlich stärker bereit, alle anderen Bedürfnisse des Hundes zufriedenzustellen.

Der Hund auf Diät

Es gibt nur wenig Anblicke, die ernüchternder wirken als ein Hund mit Doppelkinn. Wenn der Hund figürlich tatsächlich nachgelassen hat, sollte der Mensch sich zuallererst einmal an seine eigene Nase fassen: Ihn trifft selbstverständlich die meiste Schuld. Schließlich ist er es doch, der den Kühlschrank allein öffnen kann, oder nicht? Sogenannte Light-Futter-Varianten kann man sich dennoch sofort aus dem Kopf schlagen: Sie nützen überhaupt nichts; aufgrund des extrem hohen Ballaststoffanteils in diesen Futtermitteln (die im Übrigen das Futter um ein Vielfaches günstiger in der Herstellung machen) wachsen nur die Hinterlassenschaften auf das Doppelte des Normalen an.

Es gibt dabei durchaus verschiedene Diätpläne, die allesamt auf einen ausreichenden Nährstoffgehalt untersucht wurden: Die Atmen-zwischen-den-Bissen-Diät, die Essen-bis-ins-Grab-Diät, die Fleisch-allein-Diät, oder die Fisch-so-viel-wie-du-kannst-Diät – je nachdem, welche dieser Maßnahmen am besten zur Persönlichkeit passt. Vor Beginn des Abnehm-Plans sollte festgelegt werden, wie viel Gewicht der Hund verlieren soll: 50 Gramm? 87 Gramm? Etwa – man wagt es kaum auszusprechen – 150 Gramm?

Der Mensch sollte auf jeden Fall den Kaloriengehalt jeder einzelnen Mahlzeit des Hundes und den Vitamingehalt der einzelnen Bissen im Hinterkopf behalten – neben angemessem Nährstoffgehalt, bakteriellem Inhalt und prozentualem Anteil von Kalzium, Phosphor, Jod und Niacin. Ach, und nicht zu vergessen der Wasseranteil: über 90% des Körpergewichts ist nichts als Wasser, wobei dieser Prozentsatz gewöhnlich deutlich höher ist kurz vor dem Nachmittagsspaziergang.

Wo der Hund schläft

Zu den wichtigsten Tätigkeit im Leben eines Hundes gehört das Schlafen. Der Hund braucht Schlaf, um sich zu erholen und wieder zu Kräften zu kommen, er braucht Schlaf, um genügend Energie fürs Aufstehen zu sammeln und um in der Lage zu sein, über den Tag verteilt mehrere Mahlzeiten zu sich zu nehmen. Ein durchschnittlicher Hund benötigt ungefähr 22 ½ Stunden Ruhe am Tag.

Ab und zu hört man von Fällen, in denen ein Hundemensch seinen Fifi zwang, mehrere Stunden hintereinander wach zu bleiben, indem er mit ihm zum Hundesport ging, spazieren oder Ähnliches. Kein Hund sollte derlei regelmäßig leisten müssen; über einen so langen Zeitraum hinweg die Augen offen zu halten, kann fatale Auswirkungen auf die emotionale Gesundheit haben – er könnte sich z.B. langweilen. Daraufhin wird er wahrscheinlich bald einen totalen nervösen Zusammenbruch erleiden – wahrscheinlich auf dem nächsten Bett.

Ein fürsorglicher und gut ausgebildeter Mensch sorgt dafür, dass der Hund es bequem hat. Hundebetten sind schön und gut, nur befinden sie sich gewöhnlich auf dem Fußboden. Der Hund schläft aus historischen Gründen der besseren Aus- und Übersicht allerdings lieber erhöht: Sessel mögen der Sache schon näherkommen, allerdings sind zeitgenössische Möbelstücke gewöhnlich nicht vorrangig für den hundlichen Komfort entworfen und entsprechen nicht den ergonomischen Bedürfnissen des liegenden Hundes.

Tische sind häufig zwar hoch, aber meistens mit empörender Nichtachtung für seine natürliche Körperform aus Hartholz gebaut. Das einzige Möbelstück, das der lebenslangen Suche nach einem angemessenen, geeigneten Schlafplatz Rechnung trägt, ist das menschliche Bett.

Das Bett ist eine geradezu verblüffende Erfindung – möglicherweise sogar die perfekteste, ganz bestimmt aber die angenehmste. Die Bettoberfläche erlaubt dem Hund, sich, wie es ihm gefällt, in alle möglichen Richtungen auszustrecken, ohne Gefahr zu laufen, dass es für ihn unbequem werden könnte. Tagsüber kann er sich auf dem Bett die sonnigste Stelle aussuchen; sollte die Zimmertemperatur einmal unterhalb die erforderlichen Grade gesunken sein, ist es jederzeit möglich, die Tagesdecke auf den Boden zu werfen und sich unter die Bettdecke zu kuscheln. Die Laken sind ganz sauber – im Gegensatz zum Teppich, auf dem die Menschen täglich gedankenlos mit ihren Schuhen herumlaufen (oder, noch schlimmer: ohne Schuhe auf Strümpfen). Gewöhnlich befinden sich auf einem gut gemachten Bett Kissen, die handlich und leicht genug sind, um sie an die gewünschte Stelle in die gewünschte Position zu tragen.

Tagsüber besteht normalerweise die Möglichkeit, die Privatsphäre des Schlafzimmers in Ruhe zu genießen und ungestört zu schlafen. In der Küche kann es dem Hund passieren, dass jemand über ihn fällt oder auf ihn tritt; im Wohnzimmer könnte sich jemand auf ihn setzen, der ihn für ein Sofakissen hält. Im Schlafzimmer dagegen ist der Hund so weit weg wie irgend möglich von denen, mit denen er sein Zuhause teilen muss.

Es gibt nur einen einzigen Nachteil: Der Mensch ist seinerseits auch der Meinung, dass dies ein geeigneter Schlafplatz ist, und der Hund wird im schönsten Kaninchentraum abrupt gestört, wenn der Mensch gegen elf Uhr Abends im Schlafanzug auftaucht und darauf besteht, das Bett zu teilen. Häufig beginnt ein Kampf, der bis tief in die Nacht, manchmal gar bis in die frühen Morgenstunden dauern kann.

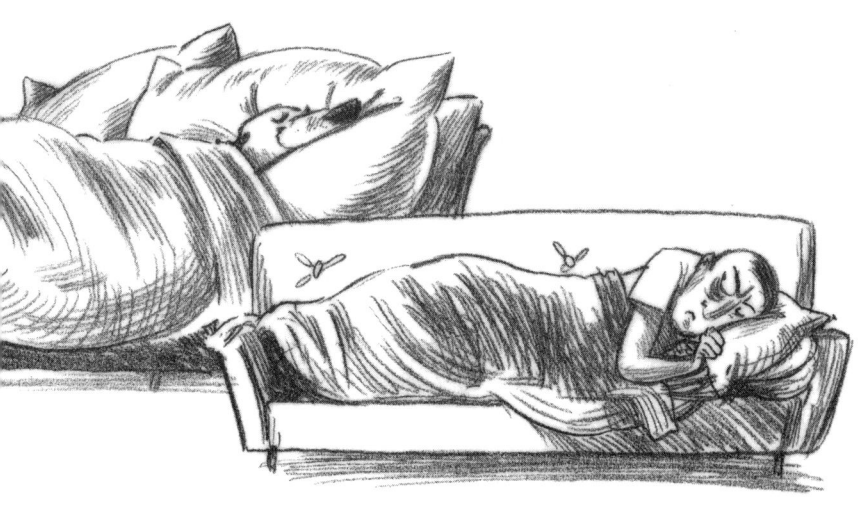

Menschen im Bett

Offizielle Umfragen haben ergeben, dass fast die Hälfte aller Haushunde regelmäßig mit ihren Menschen das Bett teilt. Das mag in den Ohren traditionell eingestellter Hunde schockierend klingen, die befürchten, dass der Mensch durch zu viel Nähe und Verwöhnen faul und unaufmerksam wird. Viele Hunde sind dagegen ganz anderer Meinung und halten das gemeinsame Schlafen für ein hervorragendes Mittel, um die Bindung zwischen Mensch und Hund zu stärken.

Fritz sagt:

Nach meiner persönlichen Erfahrung mit Menschen ist nichts geeigneter als das gemeinsame Im-Bett-Schlafen, um das emotionale Band zwischen den verschiedenen Spezies zu stärken. Meiner Ansicht nach verstärkt es den Eifer des Menschen, etwas für seinen Hund zu tun. Und seien wir ehrlich: Es kann sehr einsam werden als Einzelhund. Einen warmen Körper im Bett zu haben, kann durchaus tröstlich sein, selbst, wenn er haarlos ist. Aber seien wir offen: Menschen können echte Bett-Besetzer sein. Wenn man sich also dafür entscheidet, das Bett mit ihnen zu teilen, sollte man von vorneherein klarmachen, in welchem Teil des Bettes es ihnen erlaubt ist, zu schlafen. Wenn sie versuchen, euren Platz zu übernehmen, gebt nicht nach. Am besten stemmt man sich langsam, aber kontinuierlich gegen die empfindlichen Zonen des menschlichen Körpers – Bauch, Rückseite der Oberschenkel oder Kreuz. Wenn man dies korrekt durchführt, werden sie sich trotz Protest an den ihnen zugewiesenen Platz zurückziehen.

Obwohl es für Hunde nicht so leicht ist, das Bett mit dem Menschen zu teilen, gibt es durchaus Möglichkeiten, mit denen der Hund die Situation verbessern kann. Im Folgenden werden einige Vorschläge aufgezeigt:

Der **Wühler** weiß, dass der wärmste Platz unter der Decke ist. Wenn er sich erst einmal durch das Labyrinth aus verschiedenen Laken, Decken und Füßen durchgearbeitet hat, gelangt er früher oder später sicher an seine bevorzugte Liegestelle.

Der **Buddler** braucht entsprechend seiner Natur eine tiefe Mulde zum Schlafen, wahrscheinlich, um sich gegen mythische Feinde zu schützen. Er versucht, ein Loch in die Decken zu buddeln; ab und zu hat er damit auch Erfolg.

Der **Kuschler** braucht die totale Nähe zu seinem menschlichen Partner. So viel Hingabe schmeichelt dem Menschen; für den Hund hat dieses Schlaf-Arrangement großen praktischen Wert, weil Menschen sich hervorragend als Wärmflaschen eignen.

Der *Schlafwandler* unternimmt des Nachts sporadisch kurze Ausflüge in die Küche für eine kleine Mitternachtsmahlzeit, nach draußen oder einfach durchs Haus. Dieser Typ wird von einem Gefühl der Dringlichkeit getrieben und nimmt dementsprechend häufig Abkürzungen.

Der *Kopfkissenteiler* ist grundsätzlich nicht der Meinung, dass ein Kissen ausschließlich für den Kopf da ist. Diese Regel mag durchaus für Menschen gelten, aber nicht für Hunde.

Der *Springer* geht voller Begeisterung schlafen. Das Bett ist weich genug, um seine Landung abzufedern, genau wie der Mensch.

Der *Frühaufsteher* wacht mit den ersten Sonnenstrahlen auf und begrüßt den neuen Tag mit einem Ausbruch an Lebensfreude. Er teilt diese Gefühle mit seinem Menschen; wenn er diesen erfolgreich über die Ankunft des neuen Tages informiert hat, schläft er wieder ein.

Der *große Hund* würde sein Bett sehr gerne mit dem Menschen teilen. Leider ist dies aufgrund der eingeschränkten Bettgröße nicht immer möglich.

Tricks zur Bettzeit

Manche Menschen weigern sich, ihr Bett mit ihrem Hund zu teilen. Für solche Fälle muss der Hund gewappnet sein: Unter keinen Umständen darf er nachgeben. Wenn der Mensch es einmal geschafft hat, den Hund aus dem Bett zu vertreiben, wird er es immer wieder versuchen. Besser also, man lässt es einmal bis zum Äußersten kommen und hat danach ein Leben lang seine Ruhe.

Zuerst wird der Mensch versuchen, den Hund sanft zu überzeugen, doch bitte freundlicherweise das Bett zu verlassen. Wenn er versucht, den Hund zu sich bzw. vom Bett zu

---

Harry sagt:

Vergessen Sie nicht, dass Hunde ihren Schlaf brauchen, wenn sie müde sind – und das ist praktisch rund um die Uhr. Wir haben es auch nicht leicht: Wir leben ein Hundeleben.

Stören Sie Ihren Hund nicht, wenn er sich gerade ausruht. Versuchen Sie zu flüstern und sich auf Zehenspitzen zu bewegen. Machen Sie sich keine Sorgen um Einbrecher. Die kommen trotzdem.

Kaufen Sie sich unbedingt ein bequemes Bett. Ihr Haustier wird den liebevollen Gedanken dahinter zu schätzen wissen, wenn es bei Ihnen einzieht.

Lassen Sie aber nicht zu, dass Ihr Hund Ihren Schlaf stört. Wenn Sie seinetwegen häufig aufwachen, versuchen Sie es mit Schlaftabletten.

Eine elektrische Heizdecke könnte eine gute Idee sein. Gerade kurzhaarige Hunde wie ich selbst schätzen die Wärme.

Bitte unterlassen Sie es zu schnarchen.

ziehen, ist Schnelligkeit Trumpf: Der Hund sollte versuchen, mit einem Satz unter die Decken zu kommen. Um den Hund unter der Decke zu erwischen, wird der Mensch aus praktischen Gründen das Bett verlassen: Das ist immerhin schon ein Teilsieg für den Hund, der sich nun, falls es seine Größe erlaubt, schnell unter das große Kopfkissen legt. Es ist von absoluter Notwendigkeit, weiter so zu tun, als würde er tief schlafen. Wenn der Mensch nun Decke und anschließend das Kopfkissen aus dem Bett entfernt hat (und das wird er ganz ohne Zweifel tun), sollte der Hund langsam erst das eine, dann das andere Auge öffnen, ohne die geringsten Anstalten zu machen, das Bett zu verlassen. Der Mensch soll aber wissen, dass hund bereit ist, den Kampf mit ihm aufzunehmen – auf passive Art. Ziel ist es schließlich, mit minimalem Aufwand dafür zu sorgen, dass der Mensch sich zum Schluss wie ein großer Idiot fühlt.

Der nächste Schritt des Menschen wird wahrscheinlich sein, das Bett in Bewegung zu bringen, indem er auf der Matratze herumspringt. So verführerisch es sein mag, bei diesem sehr lustigen Unterfangen mitzumachen: Auf keinen Fall darf der Hund seine Position verändern. Mit zunehmender Frustration wird der Mensch nun für Unruhe sorgen, indem er die Matratze vom Bett nimmt und auf den Boden befördert. Der Hund muss nun zeigen, dass er es ernst meint, und darf keinen Zentimeter nachgeben: Sein Platz ist auf der Matratze! Der Mensch muss verstehen, dass hund zu der Sorte gehört, die zu ihrer Überzeugung steht und sich nicht einfach umstimmen lässt.

Wenn der Mensch seinerseits seinen Kopf durchsetzen und keinesfalls mit dem Hund das Bett teilen will, soll er doch auf dem Sofa im Wohnzimmer schlafen. Der Hund braucht kein schlechtes Gewissen zu haben: Was den Komfort betrifft, wissen die meisten Hunde aus Erfahrung, dass man auf dem Sofa durchaus gut schläft.

Der Hund in der Öffentlichkeit

Für die vielen Hunde heutzutage sind Spaziergänge zum und im Park die einzige Möglichkeit, ausgiebig ihre Glieder zu strecken und mal ein paar neue Hinterteile beschnüffeln zu können. Spaziergänge an der Leine sind schön und gut, um nicht grundsätzlich einzurosten, aber es ist nicht so leicht, den natürlichen Trab-Rhythmus einzuhalten, wenn man ständig einen pummeligen Menschen hinter sich herziehen muss. Tatsache ist: Die meisten Menschen haben zu wenig Bewegung. Sie fahren stattdessen viel in ihren Autos herum, worunter schließlich ihre Figur und ihr Gemüt gleichermaßen leiden. Es ist die Aufgabe des Hundes, dafür zu sorgen, dass der Mensch ausreichend Bewegung bekommt.

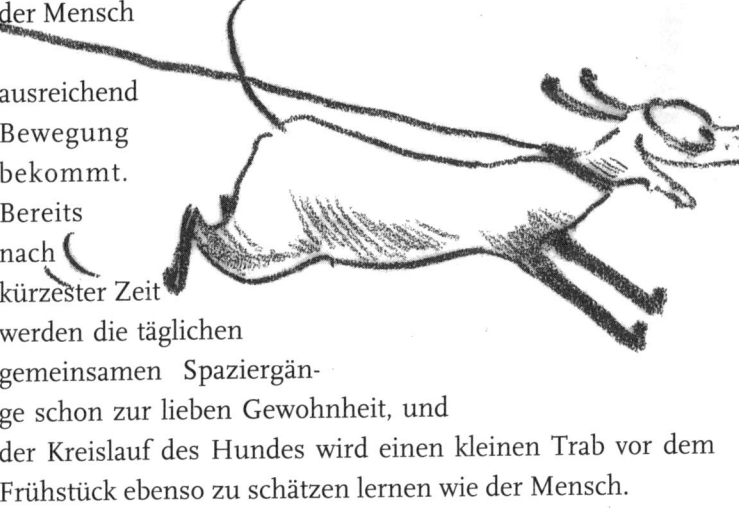

Bereits nach kürzester Zeit werden die täglichen gemeinsamen Spaziergänge schon zur lieben Gewohnheit, und der Kreislauf des Hundes wird einen kleinen Trab vor dem Frühstück ebenso zu schätzen lernen wie der Mensch.

Körperliche Ertüchtigung

Der Mensch braucht gewöhnlich eine ganze Menge Bewegung, um eine gute Kondition aufzubauen – denn selbst, wenn er nicht an einem Schönheitswettbewerb teilnehmen soll, ist es doch von Vorteil, wenn die Körperhaltung des Menschen aufrecht, stolz und gerade ist. Die einzige Möglichkeit, den Menschen in Schuss zu halten, ist dabei, ihn permanent beschäftigt zu halten und ihm keine Chance zur Entspannung zu lassen. Ihn morgens und abends mehrere Runden durch den Park zu scheuchen, kräftigt seine Lungen und stärkt ganz allgemein seinen Bewegungsapparat. Sollte er sich zuhause anschließend gleich in einen Sessel fläzen wollen, sollte der Hund ihm zuvorkommen und den Menschen auf diese Weise zwingen, auf einem Holzstuhl mit gerader Lehne Platz zu nehmen, um seine aufrechte Haltung zu verbessern.

Außerdem sollte der Mensch unbedingt drei- bis viermal pro Nacht geweckt und ins Freie gebracht werden, am besten, wenn es regnet: Das Treppen hinauf- und hinunterzulaufen baut seine Po- und Wadenmuskulatur auf, während die feuchte Luft sich vorteilhaft auf die Durchblutung seines Teints auswirkt und für rosige Wangen und glänzendes Haar sorgt.

„Joggen" ist übrigens eine menschliche Sportart, die vom Hund auf keinen Fall unterstützt werden sollte, falls er nicht grundsätzlich seine Lebensqualität torpedieren möchte. Der Mensch trägt dazu spezielle Kleidung – Frauen eher weit und bequem, was ihren Körperformen meist eher nicht zuträglich ist, Männer dagegen oft extrem wurstpellenartig enge Sachen, die für Klimamanagement sorgen sollen – und Stöpsel im Ohr, wodurch sie nur noch Musik hören und nichts von dem, was um sie herum vor sich geht.

Zum Joggen rennt der Mensch also los, schnauft nach kürzester Zeit wie eine Englische Bulldogge beim Marathontraining und hält es für besonders bewunderungswert, niemals stehen zu bleiben, auch nicht, wenn es noch so gut an irgendwelchen Ecken riecht oder er kurz vor dem Kreislaufkollaps steht.

Joggen ist das Gegenteil von einem angenehmen, informativen Spaziergang und passt nicht in ein entspanntes Hundeleben, sondern drückt nur das aus, was das Menschenleben

beinhaltet: Hetze, Eile und Ungeduld. Die meisten Hunde haben sich deswegen dem Klassenkampf gegen diese Sportart verschworen und verfolgen Jogger, wo immer sie ihnen begegnen – diese flüchten auch gewöhnlich wie Freiwild. Das Gute ist, dass selbst ein Chihuahua jederzeit schneller rennen kann als ein wurstpellenartig gekleideter Mensch. Auch gut ist, dass Jogger bereits gelernt haben, Hunde zu fürchten. Es ist nur noch eine Frage der Zeit, bis die Hunde gewonnen haben.

Soziale Kontakte

Es ist sehr wichtig, dass der Mensch wenigstens ein paar Freunde seiner eigenen Art hat. Ein Mensch, der zu viel Zeit mit seinem Hund verbringt, wird früher oder später von ihm abhängig und irgendwann völlig hilflos und wird sich gar nicht zu helfen wissen, wenn der Hund mal nicht da ist. Dies ist eine große Belastung für die Mensch-Hund-Beziehung.

Ida sagt:

Ich kannte einmal einen Dalmatiner, Tim, der in der Nachbarschaft lebte und eine unangenehme Erfahrung mit einem klammernden Menschen machen musste: Sein Mensch war so fixiert auf ihn, dass er ihm auf Schritt und Tritt nachlief und unschön herumbrüllte, wenn er den Hund mal eine Minute lang nicht sehen konnte. Wenn Tim hinter irgendeiner Hecke verschwand, um sich dort in Ruhe in Aas oder ähnlichen Notwendigkeiten zu wälzen, raste der Mann schon los, pfiff und rief und fuchtelte mit den Armen, so dass schon alle anderen Leute und Hunde guckten. Sehr peinlich. Tim hatte keine andere Wahl, als sich irgendwann von diesem Nachbarn zu trennen.

Der Hund muss dafür sorgen, dass der Horizont des Menschen sich immer wieder erweitert und er sich nicht zu stark auf den Hund fokussiert. Er kann ihn ruhig dazu ermuntern, sich ab und zu mit anderen Menschen zu unterhalten. Sehr geeignet hierfür ist übrigens der Park oder ausgewiesene Hunde-Freilaufflächen: Dafür muss der Hund sich grundsätzlich anderen Menschen und Hunden gegenüber freundlich benehmen. Daraufhin werden die Menschen ohne Umschweife miteinander ins Gespräch kommen.

Wenn alles klappt, können Mensch und Hund gleichermaßen davon profitieren: Während der Mensch die dusseligsten, überflüssigsten Unterhaltungen führt, die man sich überhaupt nur vorstellen kann („Was füttern Sie denn Ihrem Hund? Ach? Sie überlassen Ihren Hund einem Hundesitter? Tatsächlich?"), hat der Hund praktisch uneingeschränkt Spiel, Spaß und Freizeit, weil die Menschen normalerweise nicht beides können – reden und auf ihren Hund achten.

Der Hund und Gäste

Was Besuche im eigenen Zuhause – also dem Territorium des Hundes – betrifft, sollte der Hund darauf achten, dass der Mensch seine Bekannten sorgfältig auswählt.

Grundsätzlich ist Besuch zuhause etwas Nettes: Er taucht unverhofft und aus dem Nichts auf, schenkt ehrlich gemeinte Aufmerksamkeit und krault stundenlang. Wenn es wirklich gut erzogener Besuch ist, hat er sogar Mitbringsel wie ein neues Spielzeug, Hundekuchen o. Ä. dabei.

Das bedeutet trotzdem nicht, dass der Hund mit jedem dahergelaufenen Gast einverstanden sein muss, den der Mensch nach Hause schleppt. Weil der Mensch seinen Hund ja als seinen „besten Freund" betrachtet und ihn in vielerlei Hinsicht für eine Art höheres Wesen hält mit unübertrefflicher Menschenkenntnis, sechstem Sinn und Laserradar direkt bis in die möglicherweise schwarze Seele des Gegenübers, hört er normalerweise recht gut auf ihn. Vor allem, wenn er von dessen prinzipiell guten Absichten erst einmal überzeugt ist, wird er umso besser auf ihn hören, wenn der Hund bestimmte Leute ablehnt, und diese Personen in Zukunft aus seinem Bekanntenkreis ausschließen.

Wenn der Hund sich allerdings normalerweise als unsozialer Stinkstiefel aufführt, wird auch ein großartiges Protestverhalten niemanden überraschen und dementsprechend völlig umsonst sein: Der Hund wird in Zukunft nur von sämtlichen gesellschaftlichen Veranstaltungen ausgeschlossen und nie wieder auch nur in die Nähe von Lachs-Kanapées und Frischkäsehäppchen kommen – eine düstere Aussicht, die gut überlegt sein will.

Der Hund sollte seine Ablehnung einer bestimmten Person also immer leise, aber wirkungsvoll zeigen. Wenn er beispielsweise einen Gast des Hauses nicht mag, sollte er sich vor ihn setzen und ihn mit leicht gekräuselten Lippen dauerhaft anstarren, ohne dabei ein Geräusch zu machen. Auch wenn der Gast aufsteht, ist es sehr effektiv, sich ihm ernst und schweigend in den Weg zu stellen.

Harry sagt:

Ich pflegte lange Zeit einen großartigen Trick, wenn ich fand, dass ein Besuch schon viel zu lange geblieben war: Ich verhielt mich ruhig, solange der Gast seinerseits bescheiden auf dem Sofa saß. Sobald er in der Wohnung herumgehen wollte, wuffte ich die ganze Zeit leise und alarmiert. Sobald der Gast beispielsweise für ein paar Minuten im Bad verschwand, stimmte ich bei dessen Rückkehr ein ohrenbetäubendes Gebell an, was wie ein „Kikerikiiii!" klang und in meinen besten Momenten zum sofortigen Hörsturz beim Opfer führte. Dieser Trick war auch sehr wirkungsvoll bei Übernachtungsgästen: Am nächsten Morgen begrüßte ich sie mit dem selbenschrillen Schrei des Entsetzens, dass sie immer noch da seien. – Selbst die hartgesottensten Besucher machen derlei nicht häufiger mit, als unbedingt nötig.

Der Schlüssel liegt – wie in vielen Dingen – in einer subtilen Herangehensweise. Menschen mit dunkler Kleidung – vorzugsweise dunkle Wolle, Samt oder Cord – sind sowieso Anziehungspunkt für Fusseln und Haare jeder Art: Wenn der Hund möglichst kurzes, helles Fell hat, kann er mit wenig Aufwand und ein bisschen Konzentration einen bleibenden unangenehmen Eindruck hinterlassen.

Wenn es eine ganze Besuchsgruppe ist, legt man sich am besten in die Mitte der Gruppe und lässt seine Darmwinde frei. Wichtig ist hierbei, dass dies in aller Stille geschieht. Kein lautes Pupsen, das sofort den Hund als Schuldigen entlarven würde (es werden sowieso grundsätzlich alle Blähungs-Vorkommnisse dem jeweiligen Haushund untergeschoben, aber ein gewisser Zweifel bleibt trotzdem immer).

Wenn sich eine besonders elegante Person, möglichst eine Dame, in der Gruppe befindet, sollte man ihr später unauffällig folgen und den Vorgang wiederholen.

Formelle Gäste sind überhaupt ein leichtes Ziel für Peinlichkeiten. Menschen haben ganz allgemein ein merkwürdig verklemmtes Verhältnis zu ihren und fremden Genitalien – man sieht auch nie in der Öffentlichkeit Menschen, die einander zum besseren Kennenlernen gegenseitig am Hintern riechen –; stattdessen verbergen sie ihre „Scham" (wie Menschen diese Körperteile bezeichnenderweise nennen) gewöhnlich unter mehreren Lagen von Kleidung.

Diese Neurose lässt sich vom Hund zum Vorteil wenden. Möchte man also, dass ein besonders aufdringlicher Gast das Haus möglichst schnell wieder verlässt, braucht man nur lässig auf ihn zuzugehen und mit wachsender Intensität seinen Schritt zu beschnüffeln. Ein solches Verhalten sorgt dafür, dass sich alle anwesenden Personen sofort in Grund und Boden schämen und den Besuch entweder verkürzen oder den Hund in einem anderen Zimmer unterbringen, in dem er seine Ruhe hat.

Der gut gekleidete Hund

Jahrhundertelang liefen Hunde nackt und bloß herum, wie Gott sie schuf. Das ist nun vorbei: In der heutigen Zivilisation gibt es Bekleidung für jeden Hund jeden Taillenumfanges, jeder Größe und jedes Budgets. Vom Parka über Lodenmantel bis hin zum Strandkleid sind den Möglichkeiten keine Grenzen gesetzt. Hunde fühlen sich dabei trotz Pullover nicht wie ein Mensch, der Mensch aber vergisst angesichts seines Hundes in Kaschmir gerne mal, dass sein Vierbeiner keine kleine, haarige Person ist. Es gibt dabei ganz schlichte praktische Aspekte für einen bekleideten Hund. Im Winter hält sie den Hund warm, im Sommer bringt sie ihn zum Glühen. Kleidung hält den Hund sauberer; es ist deutlich weniger Aufwand, Pullover, T-Shirts und Mäntelchen zu waschen, als den ganzen Hund.

Hunden ist es ja ziemlich schnuppe, ob der Artgenosse ein T-Shirt trägt mit der Aufschrift „Desperate Housedog" oder einem Strass-Totenkopf darauf. Ein Rüschenkleid reicht noch nicht als Beweis, dass der andere weiblich ist und sich der Weg quer über die Straße lohnen könnte: Hunde glauben gewöhnlich nur, was sie riechen können. Hunde wissen, dass mehr dazu gehört, ein guter Hund zu sein, als einen Mini-Kaschmirpullover zu tragen und in einer 400-Euro-Tasche herumgeschaukelt zu werden. Sie achten weniger auf das Äußere als auf die inneren Werte.

Nur für Menschen ist Kleidung seit Jahrhunderten ein Status-Symbol. Auch wenn sie ihre Gefühle meist unterdrücken und für sich behalten, macht es ihnen doch etwas aus, wenn sie auf der Straße einen besser gekleideten Hund sehen als den eigenen, schon, weil es mittlerweile bei erhältlichen 450 Rassen praktisch unmöglich ist, einander mit der Besonderheit des eigenen Hundes im Vorbeigehen zu beeindrucken. Und gerade bei den Moderassen ist es häufig allein das Kostüm, das ihn von den anderen seiner Art unterscheidet.

Der Hund sollte seinem Menschen zuliebe also bei dem Verkleide-Spiel gute Miene zum seltsamen Spiel machen und sich nicht zu sehr sträuben. Dennoch gilt es, Würde zu bewahren: Die wenigsten Hunde können beispielsweise Glitzerschmuck tragen, es sei denn, sie sind rosa Pudel. Tiaras und Strass-Barettes stehen nur menschlichen vierjährigen Nachfolgerinnen von Britney Spears: Hunde sehen damit häufig aus wie vergessener Weihnachtsschmuck. Und würde man sie fragen, sähen sich die meisten Hunde wahrscheinlich lieber als den Gary Cooper denn als die Mariah Carey der Hundewelt.

Der Hund im Park

Der Park ist der Ort, an den man möglichst wenigstens zweimal täglich geht, um zu sehen und gesehen zu werden, wo man Freunde trifft, sich über Neuigkeiten austauscht und testet, wer am höchsten pinkeln kann. Es gibt die coolen Hunde, die bei allen beliebt sind, es gibt Rowdies oder solche, die von ihren Menschen sofort auf den Arm genommen werden, wenn man sich ihnen zu stürmisch nähert. Es gibt andere, die so besessen von ihrer sportlichen Leistung sind, dass sie für andere praktisch nicht ansprechbar sind. Meistens handelt es sich bei diesen Hunden um Border Collies oder Australian Shepherds. Sie tragen häufig bunte Halstücher und sind Profis im Frisbee- oder Ballfangen und konzentrieren sich ausschließlich auf ihre körperlichen Möglichkeiten und die ihres begleitenden Menschen.

Wenn ein Hund in eine neue Gruppe kommt, nimmt er sich am besten erst einmal zurück und testet vorsichtig das gesellschaftliche Umfeld. In einem einzigen Park können ganz unterschiedliche Gruppierungen vorkommen, sogar auf der gleichen Wiese. Der erste Schritt ist, die eigenen Optionen abzuschätzen und zu entscheiden, in welche Gruppe hund gehört. Wenn der Hund selbst zu den Spitzensportlern gehört, macht es wenig Sinn, sich unter die Gruppe der Buddler zu mischen, die alle anderen mit Sand bewerfen und Ameisen zwischen die Zehen bekommen: Lieber sollte er sich der Gruppe mit dem Ball oder Stock anschließen oder denen, die Fangen spielen.

Wenn der Hund sich für eine Gruppe entschieden hat, muss er möglichst schnell erkennen, wer der Anführer der Truppe ist. Das ist keineswegs grundsätzlich ein Rüde, dessen Ausstrahlung schon von Weitem „Dominanz!" signalisiert – es kann auch eine wunderbar riechende Hündin sein mit gutsitzendem Haar, souveräner Haltung und klarem Blick. Trotzdem erkennt ein Hund das Alpha, wenn es ihm begegnet, obwohl die meisten zuhause in ziemlich unnatürlich kleinen Rudeln leben: Ein Hund und sein Mensch, manchmal auch ein Hund und zwei oder drei Menschen. Wer die Erziehungsmaßnahmen aus Kapitel 1 ernst genommen hat, ist zuhause selbstverständlich Topdog oder „Alpha", wie es klassisch bezeichnet wird. Im Park dagegen sieht die Sache schon anders aus. Wer ist hier Alpha? Wie sieht die Hierarchie auf der morgendlichen Wiese aus? Wie verhält man sich, wenn man zum ersten Mal eine brandheiße Hündin trifft? Dies sind häufig verstörende Fragen, die es möglichst, ohne zu zögern, zu beantworten gilt, um das Beste aus dem Morgen zu machen. Hat man Alpha erst einmal erkannt, sollte man deutlich signalisieren, dass man in dieser Gruppe gerne mitmischen würde, indem man überschwänglichen Enthusiasmus mit einer kleinen Prise Unterwürfigkeit zeigt.

Wenn es ein Rüde ist, kann das Status-Gehabe einigermaßen anstrengend und nach rigorosen Regeln durchgeführt werden, und er wird die Gelegenheit nutzen, den neuen Hund von vorne bis hinten ausgiebig zu beschnüffeln. Im Zweifelsfall stellt er sich sogar mit dem Kopf über den Rücken des anderen Hundes, nur um auszuprobieren, wie viel ihm das Mitmachen wirklich bedeutet, oder ob das alles möglicherweise nur Show ist. An diesem Punkt wird der Neue entweder eingeladen mitzuspielen, oder er wird ganz offen abgewiesen.

Eine Zurückweisung kann natürlich vernichtend sein, aber

man nimmt es am besten nicht persönlich. Es gibt unzählige, kaum vorhersehbare kleine Gründe, die dazu führen können, dass man abgewiesen wird; der Hund sabbert im falschen Moment, er hatte – möglicherweise sogar angeboren! – eine Bürste im falschen Augenblick oder – ebenfalls vielleicht angeboren! – seine Mimik war nicht erkennbar, weil das ganze Gesicht von langen Haaren verhängt war (ihr Briards, Bobtails, Bearded Collies oder Lhasa Apsos wisst Bescheid!).

Manchmal ist auch der Mensch schuld, der seinem Hund just an diesem Morgen einen unstylishen Regenmantel angezogen oder einen besonders ungünstigen Haarschnitt verpasst hat. Man kann es jedenfalls ohne Weiteres morgen erneut versuchen – oder einfach seine eigene Gruppe gründen.

Sehr nützlich ist es übrigens, wenn der Hund umwerfend riecht. Wer richtig stinkt, hat schon gewonnen. Wälzen gehört historisch gesehen zur biologischen Natur des Hundes und ist etwas, wogegen der Mensch nichts tun kann. Wer stinkt, zeigt damit, dass er sich mit Etikette auskennt und ein ganzer Kerl ist, der sich von seinem Menschen nicht dreinreden lässt. Durch sorgfältiges Wälzen über bedeutende Flächen der Körperbehaarung verteilt, überdecken stinkige Gerüche den eigenen Körpergeruch. In öffentlichen Parks gibt es meist zahllose Möglichkeiten, die olfaktorische Erscheinung in allerkürzester

Zeit zu verbessern: Der Mensch muss es vorläufig nicht einmal merken; mit Schwung die rechte Schulter in einen fliegenübersäten Müllhaufen geworfen, und die Chancen, allgemein als Star anerkannt zu werden, steigen um 200 %. Die wölfischen Vorfahren des Hundes wälzten sich in Aas, um dem entfernten Rudel zu zeigen, dass etwas Interessantes gefunden wurde. Selbst heute würde sich doch wohl jeder Hund hinter den stellen, der weiß, wo man die besten alten Fischköpfe findet, oder etwa nicht?

Es gibt immer in irgendwelchen Büschen frische Exkremente. Natürlich wälzt sich ein anständiger Hund nicht in Exkrementen der eigenen Art, aber Hunde wissen ja, dass diese gewöhnlich von Menschen stammen – sonst wären sie ja längst in kleinen Plastikbeuteln entsorgt worden. Außerdem ist Hundeexkrement selten so besonders feucht, breiig und gut haftend.

Sehr zu empfehlen ist immer Aas. Die beste Qualität findet man an warmen, feuchten Tagen; normalerweise handelt es sich um ehemals lebende Tiere, die vor mindestens fünf Tagen das Leben aufgegeben haben. Besonders wirkungsvoll sind nestjunge Vögel, überfahrene Frösche oder vergammelte Mäuse. Außerdem ist Aas in praktisch jedem Zustand gewöhnlich eine schmackhafte Zwischenmahlzeit.

Nach den ersten Frühlingsnächten findet man in Parks eine nicht unbedeutende Ansammlung von Müll, häufig nachlässig in Plastiktüten gepackt, aber nicht von den Liegewiesen entfernt. Ein großartiges Potpurri scheußlicher Gerüche, weiß man doch nie, was sich in diesen Tüten alles verbirgt – von benutzten Windeln über alte Eier, verdorbene Wurst oder zerquetschte Döner ist alles möglich. Nach den ersten warmen Abenden, an denen es möglich war zu grillen, ist die Ausbeute besonders ergiebig.

Hündinnen

Hündinnen sind komplizierte, hochsensible Wesen. Gegenüber den meisten von ihnen muss man sich ein wenig anders benehmen als mit den anderen Hundekumpels. Manche Hündinnen lassen sich beispielsweise kaum davon beeindrucken, wie hoch der Hund springen kann beim Fangen des Frisbees, oder wie kreativ das Pinkelmuster ist, das man hinterlässt (die meisten schätzen es aber, wenn man das Bein möglichst hoch hebt!).

Alle Hündinnen sind unterschiedlich und wollen auch so behandelt werden.

Keine von ihnen kann es leiden, wenn der Hund einfach zu ihnen rennt und sie bespringt: Die Reaktion auf so ein Vorgehen wird sein, dass die Hündin sich rasant schnell umdreht und zuschnappt. Stattdessen sollte man sie mit Zuvorkommenheit behandeln, ihr beim Trinken oder beim Stöckchenspielen den Vortritt lassen. Sollte sie Interesse am Futter des Hundes haben, macht es einen guten Eindruck, ihr mit abgewandtem Blick das Abendessen ganz zu überlassen. Auch sportliche Leistungsfähigkeit wird sie beeindrucken: man muss ja kein Agility- oder Flyball-Champion sein, aber den Ball direkt im Anflug zu fangen, schadet dem Ansehen sicher nicht.

Luise sagt:

Man muss Jungs rechtzeitig und von Anfang an beibringen, aus welcher Richtung der Wind weht. Divas werden nicht geboren, sondern dazu gemacht. Glauben Sie mir: Ich bin ein unwiderstehlicher Männer-Magnet. Schon seit ich ein unschuldiger, wolliger Welpe war, haben Jungs aller Rassen versucht, mich auf den Holzweg zu führen. Ich weiß ganz einfach ein- oder zwei Dinge, die Rüden zum Knurren, Winseln oder Jammern bringen. Und ich habe schon vor langer Zeit verstanden, dass das Zeichen für wahre Liebe ein Stück Wurst unter dem Kissen ist.

Immer gut macht es sich, die Hündin vor anderen Hunden zu verteidigen, die ihr ungebeten zu nahe kommen. Niemals darf man eine Hündin anpinkeln. Solche Dinge können versehentlich passieren, wenn der Hund sehr nervös ist, dürfen aber nicht geschehen. Eine Hündin ist kein Besitz, sie muss nicht markiert werden.

Sollte es tatsächlich zum Äußersten kommen, sollte der Hund unbedingt darauf achten, dass er wirklich das richtige Ende bespringt. Manchmal können Hunde im Überschwang durcheinander kommen, und bei sehr langhaarigen Rassen ist das auch nur zu verstündlich. Die falsche Richtung ist allerdings nicht nur entsetzlich peinlich, sondern wird den besonderen Moment zwischen dem Rüden und der Hündin nachhaltig verderben.

Die Jagd

Früher, als Menschen ihr Abendessen noch jagen mussten, war der Hund wichtiger als Geld oder Gold. Der Job beispielsweise des Retrievers war es, die Ente im Wasser zu entdecken, zu holen und seinem Menschen zu bringen, damit sie anschließend als „Ente kross" zubereitet werden konnte. Das war von Vorteil für alle Beteiligten: Es geht doch nichts über das Gefühl, gebraucht zu werden und für seinen Menschen – und ein bisschen für sich selbst – sorgen zu können.

Heutzutage dagegen sind Hunde im Supermarkt verboten. Überhaupt ist auch die Entenjagd nicht mehr so beliebt, wie sie es mal war: In öffentlichen Gewässern werden Enten mit Brot und Ähnlichem zwar dick und fett gefüttert, aber dabei bleibt es auch. Sie schwimmen nur etwas langsamer und werden dadurch erst recht zäh und letztlich ungenießbar – eine

Verschwendung von Nahrungsmitteln, die Hunde nicht nachvollziehen können. Normalerweise versuchen sie deshalb auch, jegliches Entenbrot so schnell aufzufressen, wie irgend möglich: um der Gewässerverschmutzung vorzubeugen und die Verfettung der Entenvögel zu verhindern. Da der Hund historisch und biologisch ein Naturfreund ist, ist es seine Pflicht, sich um Letzteres – die Verfettung der gewöhnlichen Parkente – gesondert zu kümmern. Alles, was man dafür braucht, ist ein gewisses Schwimmvermögen, eine gute Nase, Geduld und Spontaneität. Geduld – und eine gute Nase, um abzupassen, wann der geeignete Moment für die Entenjagd gekommen ist (Die gute Nase braucht man nicht etwa, um die Ente aufzuspüren: Die Teiche und Tümpel in öffentlichen Parks sind voll von dem Federvieh, man kann sie selbst als blinder Hund kaum übersehen). Der Mensch sollte sich möglichst gerade mit anderen Dingen beschäftigen, sich unterhalten, Gassibeutel sortieren – jedenfalls nicht seine volle Aufmerksamkeit auf den Hund richten. In dem Augenblick, in dem der Mensch also gerade unaufmerksam ist, trabt der Hund lässig in Richtung Wasser, wobei er die Enten nicht direkt ansieht – schon, um Mensch und Enten nicht zu verraten, was er eigentlich vorhat – und wirft sich dann plötzlich mit voller Wucht ins Wasser. Die Enten werden anfangen, unglaublichen Krach zu schlagen, durch die Wellenbildung allerdings wird es ihnen nicht leicht fallen, so ohne Weiteres schwimmend zu entkommen.

Von Apportierhunden wird erwartet, dass sie schnell und präzise vorgehen, und das ist auch in diesem Fall wichtig, damit niemand das Ordnungsamt ruft. Der Hund greift einfach die nächste Ente, die an ihm vorbeischießt, aber nicht etwa salopp um den Hals – was sich natürlich anbieten würde, aber anschließend beim Transport an Land einen sehr schlechten Eindruck macht, wenn einem eine dicke Ente aus dem Maul baumelt –, sondern vorschriftsmäßig um den Leib. Keine Angst, Enten hacken oder beißen nicht, sondern stellen sich sogar gewöhnlich tot. Am besten bringt man die Ente in ihrem jeweiligen Zustand direkt zum Menschen – das mildert die anschließende Strafe erheblich, weil er sich einzubilden scheint, man mache ihm ein Geschenk. Stattdessen nützt die Ente dem Hund sowieso nichts, solange noch alle Federn dran sind, und das ist eine lange und mühselige Arbeit. Soll der Mensch doch wenigstens an diesem Punkt Verantwortung übernehmen ...

Luise sagt:

Ganz ähnlich gestaltet sich übrigens auch die Jagd auf Hühner – es kommt auf den Überraschungseffekt an (meistens wird man seinerseits ja genauso überrascht, wenn man plötzlich hinter irgendeinem Haus oder einer Hecke auf Hühner stößt): Sobald man auf Hühner zuläuft, verursacht man reines Chaos, Flügel schlagen, Federn fliegen, der Krach ist ohrenbetäubend. Weil Hühner normalerweise irgendjemandem gehören, ist es wichtig, sie nicht zu fest zu halten, wenn man sie erwischt hat: sie sterben schnell mal vor Schreck. Wenn sie allerdings tot sind, gibt es großen Ärger; der Bauer schreit den Hundebesitzer an, der das Huhn normalerweise bezahlen muss. In meiner Karriere als Hühnerdieb habe ich bisher immer nur die allerteuersten erwischt; grundsätzlich die besten, prämiertesten Legehennen – einmal kostete ein Huhn, das ich erlegt hatte, sogar 250 Euro. Ich muss einen unglaublichen Instinkt für gute Hühner haben. Oder die Bauern einen unglaublichen Geschäftssinn.

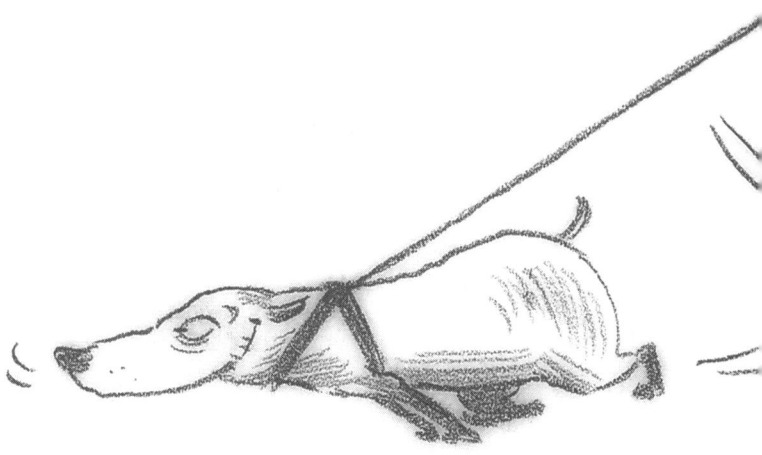

Eichhörnchen

Eichhörnchen nerven. Mehr gibt es nicht dazu zu sagen. Es gibt keinen Hund, der nicht die innere Mission verfolgt, Eichhörnchen zu jagen. Sogar Möpse, die nachgewiesenerweise über den gleichen Jagdinstinkt verfügen wie ein Stuhlbein, jagen sie. Die Nager sind immer da, sie sitzen im Garten und tun so, als gehöre alles ihnen, springen von Ast zu Ast, sie rennen die Bäume rauf und kopfüber wieder runter, nehmen alles, was irgendwie essbar aussieht, in ihre Vorderpfoten und lassen es wieder fallen, buddeln im Boden herum und vergraben dort Nahrung – unerträglich. Sie können sogar Dinge fressen, die für Menschen und Hunde giftig sind wie bestimmte Pilze, und das allein muss ein vernünftiger Hund ihnen schon übel nehmen. Außerdem fressen sie am Tag Samen aus bis zu 100 Fichtenzapfen. Haben Sie schon mal gesehen, wie ein Haufen aus 100 Fichtenzapfen aussieht? Na? Und wer soll dann mit den leeren, ausgelutschten Dingern spielen? Pah!

Eichhörnchen werden nur drei Jahre alt, was dem Hund die Illusion vermitteln mag, man müsse sich mit ihnen nicht abgeben, weil sich das Problem relativ bald von selbst erledigt, aber wenn man diesen Tieren nicht rechtzeitig Einhalt gebietet, glauben sie bald, sie könnten sich im Garten, im Park und auf der Straße alles erlauben. Ab Februar haben sie Paarungszeit, was besonders ärgerlich ist, weil Männchen und Weibchen sich dann wilde Verfolgungsjagden in den Bäumen, auf dem Boden und in der Luft liefern. Das Dumme ist, dass sie wirklich sehr schnell sind. Der Hund kann fast nichts anderes tun, als sie bis zum Baum zu verfolgen und dann wie verrückt zu bellen. Das verhindert wenigstens einen Moment lang die Begattung. Man tut, was man kann. Dank des globalen kaniden Pflichtbewusstseins wird die Welt bald ein sicherer, weniger nerviger Ort sein. Lassie wäre stolz.

Der Hund in Geschäften

Es gibt keinen einzigen vernünftigen Grund dafür, warum mancher Mensch darauf besteht, den Hund zum Einkaufen mitzunehmen – mit Ausnahme von Hundefutterfachgeschäften, versteht sich, obwohl auch diese eine olfaktorische Folterkammer sind für Hunde, die eben nicht das nötige Kleingeld dabei haben, um sich eine Schlachtplatte zu kaufen.

Ansonsten ist es völlig unverständlich, warum Menschen immer wieder darauf bestehen, ihren Hund – möglichst noch samstags! – in die Fußgängerzone mitzunehmen oder in große Kaufhäuser, wo er ununterbrochen Angst haben muss, getreten, angerempelt oder von fremden, penetrant nach synthetischem Parfum riechenden, völlig fremden Händen angefasst zu werden, und im Zweifelsfall stundenlang vor irgendeiner Umkleidekabine liegen muss, einsam und ohne Wasser und Brot. Es sind durchaus Fälle bekannt, in denen jemand bei solchen Gelegenheiten vor Langeweile gestorben ist.

Es ist völlig ausgeschlossen, in diesen Etablissements das Bein zu heben, obwohl es genauso riecht wie auf der Straße, man darf sich nicht kratzen, ohne umgehend den Verdacht der Totalverflohung auf sich zu ziehen, und gespielt wird hier sowieso nicht.

Auch zu Supermärkten kommen Hunde nicht gerne mit; dort sollen sie stundenlang draußen vor der Tür warten bei erstaunlichen Temperaturen und werden von Leuten, die Obdachlosenzeitungen verkaufen, auch noch böse angestarrt, weil der Hund zuviel Aufmerksamkeit auf sich zieht.

Manchmal, an perfekt temperierten Tagen, an denen es weder zu kühl noch zu warm ist, ein sanftes Lüftchen weht und die Straße übersichtlich leer ist, kann es in Ordnung sein, den Menschen in sehr exklusive Boutiquen zu begleiten. Dort wird hund dann vom Verkaufspersonal begeistert begrüßt, weil man hier gelernt hat, dass der Mensch gewöhnlich in Spendierlaune gerät, wenn sein Hund = Alter Ego geliebt wird (der Mensch durchschaut das allerdings nie), wird getätschelt und geherzt, und wenn sich der Hund besonders ruhig, aufmerksam und artig verhält, bekommt er weiches Wasser aus Plastikflaschen in einer Kristallschale serviert.

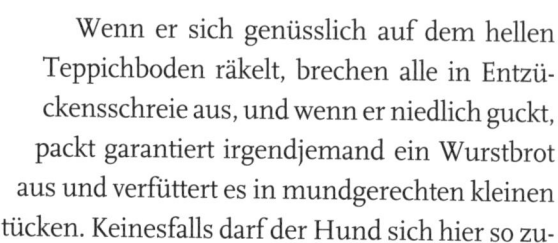

Wenn er sich genüsslich auf dem hellen Teppichboden räkelt, brechen alle in Entzückensschreie aus, und wenn er niedlich guckt, packt garantiert irgendjemand ein Wurstbrot aus und verfüttert es in mundgerechten kleinen Stücken. Keinesfalls darf der Hund sich hier so zuhause fühlen, dass er Artgenossen auf der Straße durch die Glasscheibe anbellt; dann wird der ganze Umkleidevorgang gewöhnlich umgehend abgebrochen, alle gucken ganz irritiert und der Mensch eilt gesenkten Hauptes aus dem Geschäft. Solches Verhalten sollte man sich aufheben für die Momente, wenn das Ganze tatsächlich allzu lange dauert. Ansonsten gilt: Wenn man sich niedlich aufführt, verleitet das den Mensch dazu, vor lauter Dankbarkeit relativ viel Geld für überflüssige Gewänder auszugeben, er fühlt sich anschließend besser und vergnügter als vorher, als er noch sein ganzes Geld beisammen hatte. So ganz werden Hunde Menschen nie verstehen.

Der Hund im Büro

Viele Hunde fragen sich immer wieder, wo der Mensch eigentlich von Montag bis Freitag jeden Tag ohne sie hingeht. Manche machen sich geradezu verrückt mit ihren Vorstellungen: Trifft der Mensch sich mit einem anderen Hund? Geht der Mensch ohne sie in den Park? Amüsiert er sich ohne seinen eigenen Hund? Wann kommt er nach Hause? – Manche Hunde denken sich im Laufe eines Tages so sehr in Rage, dass sie ihrer wachsenden Anspannung ein Ventil geben müssen, indem sie beispielsweise Kissen zerfetzen oder die Tapete von der Wand reißen. Entgegen der üblichen Einstellung des Menschen, der auf kaputte Kissen, Möbel oder abgerissene Tapeten oft recht emotional reagiert, ist solches Verhalten übrigens

durchaus wichtig und gut. Auch wenn Verhaltenstherapeuten dies nie öffentlich zugeben würden (sie beziehen ihren Lebensunterhalt immerhin vom Menschen, der seinerseits für neue Kissen und neue Tapeten sorgen muss), ist derlei körperlicher Einsatz gesund, weil es eine Verminderung des Stresslevels fördert. Die Methoden dafür sind eben sehr individuell; die einen brauchen Stille und machen auf dem Sofa oder dem Küchentisch meditative Übungen, die anderen suchen sich körperlichen Ausgleich: Hierdurch wird angestaute Energie abgebaut, der Hund distanziert sich von seinen Problemen, und die Durchblutung von Muskulatur, Organen und Gefäßen verbessert sich.

Fritz sagt:

- Es ist dem Hund davon abzuraten, den Flur des Büros als Rennstrecke zu verwenden, egal, wie rutschsicher der Teppichboden ist und wie scharf man die Kurven nehmen kann;
- die UPS-Boten und Fahrradkuriere zu verbellen, als sei man zuhause. Verbellen ist grundsätzlich ungünstig: Es könnte schließlich auch der Pizza-Bote sein. Viel besser ist es also, sich alle Boten zum Freund zu machen – dann bringen sie beim nächsten Mal möglicherweise Geschenke in Form von Hundekuchen mit;
- dem Chef/der Chefin im Laufe des Tages ein eingespeicheltes Spielzeug auf den Schoß zu legen, wenn es langweilig ist. Viel effektiver ist es, sich strategisch günstig mit einem Ball oder Spielzeug ganz still in den Flur zu legen und sehr, sehr traurig zu gucken. Irgendwann wird irgendjemand das Mitleid packen, das ist sicher – aber im Umgang mit Menschen ist es immer besser, wenn sie glauben, alles war ihre Idee;
- offensiv zu betteln. Garantierte Resultate bringt es, um die Mittagszeit mit eingezogenem Bauch seufzend durch die Flure zu schleichen oder ca. eine halbe Stunde vor dem Essen eine besonders weichherzige Person aus dem Büro mit Zärtlichkeiten zu überschütten (wichtig ist, dass genügend Zeit zwischen den kleinen Aufmerksamkeiten und dem Mittagessen liegt, damit (s.o.) der Mensch denkt, es war seine Idee, die Hälfte von seinem Hühnerbrust-Sandwich abzugeben: Und zwar nicht aus Beweggründen wie Mitleid oder Erpressung, sondern aus erwiderter selbstloser Liebe.

Trotzdem ist es tröstlich zu hören, dass der Mensch sich keineswegs tagaus, tagein in Abwesenheit seines Hundes amüsiert. Der Mensch geht ins Büro, eine Art Zwinger für Menschen. Das Büro ist ein eingeschränkter Lebensraum, in dem die meisten Menschen mehr Zeit verbringen als irgendwo sonst (außer vielleicht ihrem Bett, das sie gewöhnlich ebenfalls mit ihrem Hund teilen). Er amüsiert sich dort durchaus nicht, sondern nimmt

Kommandos von seinem „Chef" bzw. „Chefin", kurz: dem Alpha-Tier, entgegen, verhält sich den ganzen Tag über eher unterwürfig und denkt immer nur daran, dass er gerne nach Hause zu seinem Hund möchte. Seine Belohnung für diese Art des Lebens ist ein bisschen Geld, das er gewöhnlich fast vollständig für seinen Hund ausgibt. Das allein sollte Grund genug für den Hund sein, den Menschen immer mit großer Wärme und der Zurschaustellung reinen Glücks über dessen Wiederkehr zu begrüßen.

Diejenigen Hunde, die das Glück haben, ihren Menschen auch ins Büro begleiten zu dürfen, haben derlei Sorgen natürlich nicht. Das Prinzip dieser „Bürobegleithunde" ähnelt dem der Therapiehunde: Besonders umsichtige Alphatiere unter den Menschen haben erkannt, dass die Anwesenheit eines Hundes sich positiv auf das Arbeitsklima im Büro auswirkt, diese Menschen sich weniger stark nach ihrem Zuhause sehnen und die Stimmung insgesamt entspannter ist. Also erlauben sie ihren Mitarbeitern, ihren Hund mitzubringen. In diesem Moment müsste der Hund eigentlich seinen von den Gemeinden vorgeschrieben steuerlichen Status als „Luxushund" verlieren, denn ihm obliegt eine große Verantwortung: Davon, wie umsichtig und kollegial sich der Hund im Büro verhält, hängt nicht selten die gesamte Karriere des dazugehörigen Menschen ab.

Der Hund auf Reisen

Hunde sind gewöhnlich jederzeit und gerne für kleinere und größere Reisen zu haben: Auch sie schätzen das Gefühl, dem Alltag für einige Zeit entkommen zu können. Auch sie haben irgendwann die tägliche Routine über, die der Mensch ihnen auferlegt, und freuen sich über eine neue, frische Kulisse – wie etwa ein großzügiges Hotelzimmer mit einem bequemen Bett.

Hunde freuen sich normalerweise so sehr über einen Tapetenwechsel, dass sie sogar den unangenehmen Begleitumstand der Hin- und Rückfahrt, ohne die eine Reise leider unmöglich ist, in Kauf nehmen. Dementsprechend wird man auch nur selten von einem Hund eine Beschwerde zu hören bekommen.

Grundsätzlich stehen Hunde den meisten Transportmöglichkeiten offen gegenüber, mit Ausnahme vielleicht des Hundeschlittens, sofern sie nicht eigens dafür gezüchtet wurden. Ansonsten scheint es für sie keinen besonderen Unterschied zu machen, ob sie per Flugzeug, Bahn, Schiff oder Auto reisen – solange sie es bequem dabei haben. Jegliche mechanische Möglichkeit, die dazu verhilft, einen von einem Ort zum nächsten zu transportieren, macht in den Augen des Hundes das aus, was man eine zivilisierte Existenz nennt.

Der Hund im Auto

Autos sind eine unendliche Quelle großen Amüsements für den Hund. Der moderne Hund hat sich längst großartig an die Vorzüge des Automobils angepasst, und wenn der Mensch klug ist, lässt er den Hund die Fahrt auf seine Weise genießen.

Eine Autofahrt ist ein Abenteuer wie kein anderes. Aufgrund des Rundum-Panorama-Blicks hat der Hund alles im Griff und kann stundenlang fremden Hunden oder Polizisten hinterherbellen. Die Gerüche von draußen sind eine Art Büfet-to-Go, der Wind bläst durchs Fell, während die Ohren im Luftzuge flattern. Man weiß nie, wo man ankommt – vielleicht fährt man auf einen Kurz-Trip übers Wochenende aufs Land, vielleicht einen Hundefreund besuchen, vielleicht in den Park – wer weiß? Auf jeden Fall kommt man sehr viel schneller an als zu Fuß.

Weil der Mensch sich im Auto offenbar automatisch dienstbar fühlt, besteht er meist darauf, dass der Hund auf der Rückbank bleibt, um die Fahrer-Passagier-Klassentrennung aufrechtzuerhalten, oder gar in der geräumigen, bequemen Hunde-Entspannungszone der Ladefläche eines Kombis. Das hat alles seine Ordnung, solange der Hund sich auf diesen Plätzen auch wohl fühlt. Demokratisch veranlagte Hunde dagegen bevorzugen dabei aber vielleicht den Beifahrersitz oder – für einen besseren Überblick über den Verkehr – den Platz auf dem Schoß des Fahrers. Oft reagieren die Menschen recht ungehalten, wenn man sich vorne hinsetzt, sprechen einen barsch an oder versuchen sogar, den Hund körperlich zurück auf einen würdevolleren Platz zu schubsen. In diesem Fall wartet der Hund einfach, bis der Mensch bereits fährt, um sich dann nach vorne zu setzen. Weil der Mensch jetzt fährt und sich auf den Verkehr konzentrieren muss, kann er nicht in gewohnter Schärfe reagieren, und wird bald die Versuche aufgeben, seinen Fifi zurück auf die Rückbank zu befördern.

Fritz sagt:

Menschen haben im Allgemeinen ein intensives, gar liebevolles Verhältnis zu ihrem Auto und lassen sich gewöhnlich recht leicht zum zuvorkommenden Fahrdienstleistenden erziehen. Meist hält der Mensch dem Hund sowieso die Tür auf und wartet, bis dieser Platz genommen hat. Sollte der Mensch das Protokoll irgendwie brechen und zu lange warten, bis er die Wagentür öffnet oder sonst wie abgelenkt werden, sollte hund ihn per aversiver Konditionierung umgehend an die korrekte Etikette erinnern. Lässig, aber gut gezielt an das Hinterrad zu pinkeln ist beispielsweise eine praktische, effektive Technik.

Wenn der Hund nach ein paar Minuten immer noch eine gewisse Anspannung spürt, beruhigt es den Menschen meist ungemein, wenn man ihm freundlich und beruhigend über Ohr, Wange oder Hand leckt. Er wird sich nicht mehr fürchten, sondern wissen, dass hund keinerlei Problem hat, den Platz mit ihm zu teilen.

Fahrverhalten

Gutes Fahrverhalten des Menschen erlaubt dem Hund, ein eventuelles Schlaf-Defizit aufzuholen. Wendungen und Kurven sollten mit größter Umsicht genommen werden; 10 km/h sind gewöhnlich ein angenehmes Tempo. Das Quietschen von Reifen sollte unter allen Umständen unterlassen werden. Auch das Anhalten sollte graduell geschehen – plötzliches Anhalten könnte den Hund erschrecken –, selbst wenn er nicht aufwacht, könnte ein plötzlicher Ruck einen schlechten Traum auslösen.

Es gibt viele Möglichkeiten, wo und an welcher Stelle im Auto der Hund die Fahrt verbringt: Für kleine Hunde ist es sinnvoll, die Fahrt auf dem Schoß des Fahrers zu verbringen, die Pfoten auf das Lenkrad gestützt: Dort hat man den besten Überblick über den Verkehr und kann gleichzeitig ganz leicht immer wieder die tiefe Zuneigung zum Fahrer ausdrücken. Große Hunde bewegen sich gerne auf der Rückbank hin und her, stecken für bessere Sicht den Kopf aus dem geöffneten

Fenster und bellen gerne mal, was das Zeug hält, um zu zeigen, dass sie der gefährlichste Hundesohn von allen sind. Andere Hunde bewegen sich während der Fahrt mit präziser Regelmäßigkeit von Schoß zu Schoß
aller Mitreisenden, damit niemand zu kurz kommt und sich vernachlässigt fühlt, während manche Hunde mit eher schüchterner Persönlichkeit den dunklen Fußraum zwischen Rückbank und Vordersitz zu ih-

rem bevorzugten Reiseabteil machen: Hier können sie ungestört ein Nickerchen machen. Wieder andere bevorzugen die Hutablage, wo sie aus erhöhter Position zusehen können, wie die Welt an ihnen vorbeirollt. Aus diesem Blickwinkel haben sie einen großartigen Überblick, ohne den Kopf bewegen zu müssen.

Aus Gründen, die letztlich nur der Hund selbst versteht, betrachten die meisten Hunde das Innere eines Autos als ihr Privatgelände und scheuen sich nicht, strengste Maßnahmen anzuwenden, um das Gefährt gegen Eindringlinge zu verteidigen. Auch Tankwarte gehören bereits zur Gruppe derer, die nur mit allergrößtem Misstrauen und unter lautstarken Maßnahmen an das Auto herangelassen werden. Dies kann von Zeit zu Zeit schwierig für den Fahrer werden, der tanken möchte.

Auch das Erfragen von Wegbeschreibungen oder der Kontakt zu Polizisten wird erschwert. Um direkten Körperkontakt zwischen Hund, Polizist oder hilfsbereiter Person zu verhindern, lassen viele Fahrer bei solchen Gelegenheiten alle Fenster fest geschlossen. Die Kommunikation wird durch solche Maßnahmen möglicherweise etwas kompliziert, ist aber nicht unmöglich.

Jedenfalls sollte der Mensch nie vergessen: Die Autofahrt war schließlich seine Idee, nicht die des Hundes.

Wenn einer eine Reise tut

Eine Autofahrt bedeutet eine erhöhte Belastung des Nervensystems des Hundes. Aus diesem Grund sollte jede Autoreise mit größtmöglicher Sorgfalt geplant werden, damit die emotionalen Bedürfnisse des reisenden Hundes auch bestimmt erfüllt werden können. Der geräumigste Platz im Wagen ist natürlich die Rückbank oder der offene Kofferraum eines Kombis. Wichtig ist hierbei, dass der Hund wirklich genügend Platz hat, um sich bequem auszustrecken, ohne dabei an Knie oder eventuelle Koffer zu stoßen.

Kleinwüchsige Hunde dürfen in Bahn und Flugzeug in entsprechenden Behältnissen reisen, wobei dies den komfortorientierten kleineren Rassen gerade recht kommt. Eine elegante Tasche mit Panorama-Blick und einem dicken Kissen wird den meisten Ansprüchen gerecht.

Im Zug müssen Hunde ohne Tasche oder Box eine vollwertige Fahrkarte lösen, dürfen aber trotzdem nicht auf dem Sitz schlafen oder sich in irgendeiner Weise bemerkbar machen. Das Reisen in der Gepäckablage ist aus Sicherheitsgründen verboten.

Die Ferienzeit stellt immer wieder hohe Ansprüche an das Organisationstalent von Rudelvorständen aller Art. Es gilt, die lieben Kleinen artgerecht unterzubringen und ein geeignetes Beschäftigungsprogramm aufzustellen. Der Mensch der mit Hund verreist, überlegt häufig: Wann ist der geeignete Zeitpunkt für Ferien mit dem Hund? Im Sommer könnte es zu heiß für ihn sein. Im Winter vielleicht zu kalt. Im Frühling

oder im Herbst ist es möglicherweise weder warm noch kühl genug. Sobald die passende Saison entschieden wurde, stellen sich weitere Fragen: Wo wird er sich am wohlsten fühlen, von welchen Aktivitäten profitiert er am meisten, wo kann er sich am besten entspannen? Weil die Bedürfnisse von Hunden meist ganz elementar sind, lassen sich diese Fragen leicht beantworten. Tatsächlich ist dem Hund eigentlich alles recht. Ganz egal, wie absurd dem Vierbeiner die Ferienplanung erscheinen mag, er wird alles mitmachen, schon um zu beweisen, dass es einfach keinen besseren Begleiter gibt als ihn.

Allem voran ist dem Hund eine gute Verpflegung wichtig: Das Hotel muss dementsprechend möglichst nach den kulinarischen Fähigkeiten des Küchenchefs ausgesucht werden. Hunde teilen auch gerne den schönen Brauch des Hotelreisenden, sich das Frühstück im Bett servieren zu lassen.

Im Voraus geplante gesellschaftliche Aktivitäten, die häufig einen bedeutenden Teil der Ferienplanung ausmachen, werden von den meisten Hunden entschieden abgelehnt: Sie wollen sich in den Ferien entspannen und brauchen keinerlei Programm, um den gesamten Tag durchzuschlafen. Auch Museumsbesuche fallen flach, Städtereisen kommen nicht in Frage, organisierte Reisegruppen können wenig Rücksicht auf ein individualisiertes Hundeferienprogramm nehmen und werden von Hunden daher selten positiv angenommen. Viele Menschen befinden sich demnach in einem ewigen Dilemma:

Sind Ferien in Bergkurorten denen an Meeresküsten vorzuziehen?

Grundsätzlich würden die meisten Hunde Letzteres vorziehen. Bergiges Gelände ist häufig recht steinig und unwegsam, und nicht selten erfordert es größere Anstrengungen, bergauf zu steigen, um zu irgendeiner Berghütte zu gelangen, wo das Essen auch nicht besser ist als im Hotel – man ist nur hungriger. Fast überall stehen Bäume dicht an dicht, was selbst für Hunde, die beim Markieren derselben streng methodisch vorgehen, sehr verwirrend sein kann.

Dagegen lieben fast alle Hunde Strandferien, sofern genug Süßwasser und Schatten spendender, leichter Baumbewuchs zur Verfügung stehen. Strände sind gewöhnlich flach und übersichtlich angelegt, mit vollem weichem Sand, der ein natürliches, ergonomisch perfektes Kissen darstellt.

Am Strand beschäftigen Hunde sich gewöhnlich mit ausschweifenden Buddeleien und gehen anderen Leuten unglaublich auf die Nerven, indem sie ins Wasser springen, um anschließend klatschnass und vergnügt zwischen Fremden auf deren Badehandtüchern herumzurasen, um den Felltrocknungsprozess an der Luft zu beschleunigen. Der moderne Hund merkt schnell, dass er mit diesem spielerischen Verhalten für großes Hallo am Strand sorgt, also springt er, kaum ist sein Haarkleid leicht angetrocknet und die Stimmung wieder etwas entspannter, gleich noch einmal ins kühle Nass, um das lustige Spiel zu wiederholen und diesmal noch schärfere Kurven um fremde Badehandtücher zu laufen. Nach genügend Wiederholungen hat der Mensch gen Ende der Ferien den Strand meist für sich und den Hund ganz allein.

Harry sagt:

- ♣ Lassen Sie Ihren Hund in den Ferien nicht zuhause. Er hat sich die Erholung ebenso verdient wie Sie.
- ♣ Geben Sie Ihrem Hund nicht das Gefühl, er sei das fünfte Rad am Wagen. Überlassen Sie ihm möglichst die Rückbank Ihres Autos. Wenn das nicht möglich ist, sollten Sie vielleicht ein neues Auto kaufen.
- ♣ Versuchen Sie, nicht zu viele Aktivitäten in Ihre Ferien zu stopfen: Ihr Hund ist so viel Tatendrang nicht gewöhnt.
- ♣ Kommen Sie nicht auf die Idee, Ihren Hund am Ferienort zurückzulassen.

Der Hund und das menschliche Baby

Die Ankunft eines Babies sorgt für eine extreme Belastung des ohnehin stark beanspruchten emotionalen Gefüges des Hundes. Für Hunde ist ein menschliches Baby nicht viel mehr als ein anderer Hund – und noch dazu kein besonders toller, wenn man ehrlich ist: Sein Kopf ist im Verhältnis zum restlichen Körper unproportioniert groß, seine Nase zu klein, um wirklich brauchbar zu sein, und meistens hat es nur sehr wenig Fell – wenn überhaupt, dann höchstens ein bisschen auf dem Kopf. Für einen Hund sieht das menschliche Baby aus wie eine Qualzucht.

Dennoch schätzt der Mensch das neue Baby genauso – wenn nicht mehr – wie den bisherigen Augenstern: den Hund. Und es wird nicht nur drei, sondern sogar sechs Mal am Tag gefüttert, sogar mitten in der Nacht. Anschließend wird es herumgetragen, wobei sanft aufmunternd mit ihm gesprochen wird – bis es endlich einmal oder mehrfach rülpst. Diese simple Antwort begeistert das Publikum völlig.

Dass Menschenkinder jahrelang keinerlei Interesse an Stubenreinheit zeigen, wird auch geflissentlich übersehen. Wenn sie ihren Müttern in die Nase oder die Ohren beißen, wird fröhlich verkündet, dies sei Ausdruck einer starken Persönlichkeit. Wenn sie fürchterlich jaulen, wird das als Stimmübung deklariert – und niemand käme auf die Idee, dies aus erzieherischen Gründen zu ignorieren oder mit „Aus!" zu kommentieren – im Gegenteil.

Für Hunde ist es nur schwer zu verstehen, dass die Wurfgröße bei Menschen in über 98 Prozent bei einem einzigen Jungtier liegt, der Mensch aber vollkommen abgelenkt von der Geburt und der Aufzucht dieses einen Kindes ist – und das über Jahre.

Die Menschenmutter muss sich zu einem möglichst frühen Zeitpunkt mit dem Thema Rivalität unter Geschwistern auseinandersetzen. Wenn sie das Problem mit der richtigen psychologischen Einstellung angeht, wird es nicht nötig sein, für das Baby ein neues Zuhause zu finden.

Wichtig ist, dass Sie sich immer wieder daran erinnern, dass der Hund zuerst da war. Er hat jedes Recht der Welt,

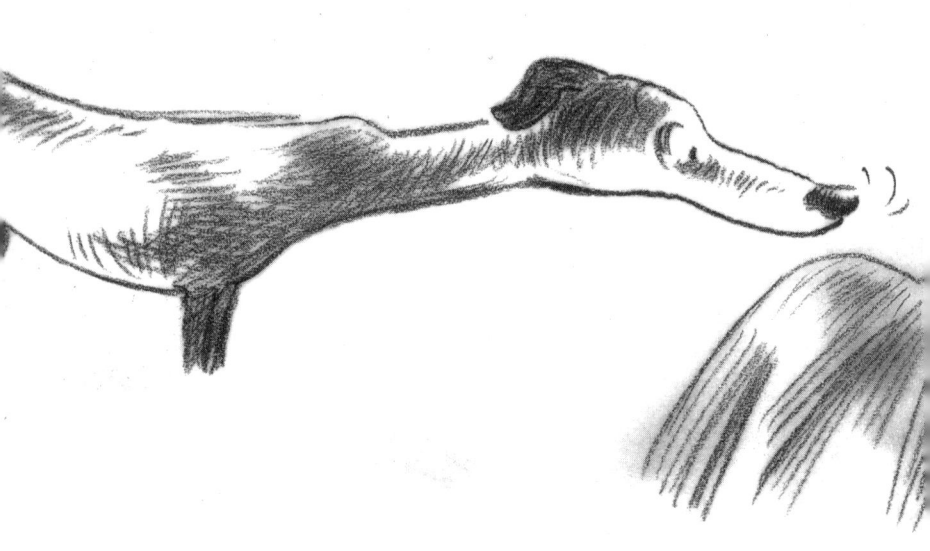

beleidigt zu sein. Glücklicherweise können Eltern einiges dafür tun, um dem Hund zu helfen, seinen Ärger und seine Verbitterung zu überwinden.

Die langsame körperliche Entwicklung des Babies beweist dem Hund, dass er dem Kind überlegen ist. Im Laufe der Monate werden die Unterschiede zwischen Kind und Hund immer deutlicher. Auch im intellektuellen Vergleich wird dem Hund bald klar, dass er dem Baby über ist. Im Laufe nur kurzer Zeit lässt der Hund das Kind weit hinter sich, was intellektuelle Fähigkeiten, logisches Denkvermögen, Gedächtnis und schlicht Menschenverstand betrifft.

Ida sagt:

Wenn Sie das Baby dem Hund vorstellen, erklären Sie ihm, dass die Ernährung der kleinen Schwester (oder des kleinen Bruders) die seine in keiner Weise beeinträchtigen wird.

Streicheln Sie das Baby nicht in Anwesenheit des Hundes. Wenn Sie Ihr Baby unbedingt loben müssen, warten Sie, bis Ihr Hund gerade spazieren oder in der Küche beschäftigt ist.

Wenn Sie Spielsachen für Ihr Baby kaufen, vergessen Sie Ihren Hund nicht. Achten Sie immer darauf, dass die Verteilung der Spielsachen gleichmäßig und gerecht ist. Das ist eine der Grundregeln gesunden Menschenverstands für funktionierende Familien (oder Harems).

Machen Sie sich von Anfang an klar, dass Hund und Kind zwar Spielkameraden sein können, aber niemals die gleichen geistigen Fähigkeiten haben werden. Menschen lernen nur sehr langsam.

Bringen Sie Ihrem Hund so bald wie möglich bei, dass er nicht Ihr biologisches Kind ist. Sobald er alt genug ist, es zu begreifen, erklären Sie ihm, dass er adoptiert wurde.

Alter	Baby	Hund
2 Wochen	Heult, wenn hungrig oder durstig. Öffnet gelegentlich die Augen, hört und sieht nicht viel.	Heult, wenn hungrig oder durstig. Öffnet die Augen, hört und sieht nicht viel.
16 Wochen	Die Augen können einem Objekt folgen, das sich bewegt, greift danach, kann aber nicht zielen.	Spaziert durchs Zimmer, folgt beweglichen Objekten und hält sie fest – vor allem falls essbar.
7 Monate	Kann aufrecht sitzen, kippt aber noch um. Greift zielgerichtet nach Objekten und steckt sie in den Mund. Kann sich im Liegen ohne Weiteres die Füße in den Mund stecken.	Kann allein ins Bett springen, die Tapete von der Wand ziehen und Jogger und Fahrräder jagen. Verschwendet keine Zeit damit, an seinen eigenen Füßen zu kauen.
1 Jahr	Krabbelt auf allen Vieren herum und versucht schon, sich an Möbeln hochzuziehen. Fängt an, die Welt selbstständiger für sich zu entdecken.	Ist in diesem Alter so schnell, dass ihn nur ein anderer Hund fangen kann. Hat die Welt bereits für sich entdeckt: Weiß ganz genau, wo Küche und Schlafzimmer sind.

Im Laufe der Zeit lernt der Hund, dass die effektivste Methode, die menschliche Aufmerksamkeit weiterhin auf sich zu lenken, ist, sich dem Baby gegenüber äußerst freundlich zu verhalten. Wedeln, Lecken, aufgestellte Ohren und ein Lassie-artiges Winseln angesichts des Babys ruft in den Eltern gewöhnlich ein Gefühl tiefer Dankbarkeit hervor und ihre Bemühungen, dem Hund das Leben zu verschönern, verstärken sich noch.

Physische Nähe zum Baby birgt den zusätzlichen Nebeneffekt, dass das Kind auf diese Weise frühzeitig auf den Hund geprägt wird. Dies wird sich später lohnen.

Je älter es wird, desto nützlicher wird das menschliche Junge nämlich für den Hund.

Sobald es entwöhnt ist, wird es zur Nahrungsaufnahme gewöhnlich in einen speziellen Hochstuhl gesetzt. Bereits an dieser Stelle muss die Erziehung einsetzen: Je mehr Begeiste-

rung der Hund zeigt, desto lieber wird das Baby kleine Häppchen seiner Mahlzeit zum Hund werfen. Nach kurzer Zeit wird dies ein ganz automatisches Verhalten und prägt den natürlichen menschlichen Instinkt, den Hund zu bedienen.

Auf diese Weise lernen Hund und Baby, dass eine Freundschaft beiden nützen kann und die Eltern erfreut. Hunde und Kinder sind eine ganz natürliche Verbindung. Sie interessieren sich auch für die gleichen Dinge: beide stecken grundsätzlich erst einmal alles in den Mund und probieren aus, ob man es essen kann. Beide haben zu einer bestimmten Zeit eine für erwachsene Menschen völlig unverständliche Faszination mit Exkrementen, beide interessieren sich vor allem für die Spielsachen des anderen. Was den Hund betrifft, sind Kinderspielsachen gewöhnlich mit ungiftiger Farbe behandelt und geschmacksneutral. Die meisten lasen sich gut kauen und viele sogar herunterschlucken. Dem Baby geht es mit den Hundespielsachen genauso: Sie sind zum Kauen gedacht, und wenn es sich ein bisschen Mühe gibt, lassen sich die meisten herunterschlucken.

Kind und Hund können wunderbar miteinander spielen, wobei der Hund zur großen Freude beider den Hosenboden des Kleinen zerreißt, sie spielen Verstecken im Wohnzimmer und treffen sich dabei unterm Sofa, wo man beide nie wieder finden wird. Wenn die Mutter das Kind zum Essen ruft, erscheinen beide (wobei der Hund etwas schneller ist).

Beide lernen zu teilen – während der Hund sich immer wieder an jedem Keks und jedem Zwieback in der Hand des Babys beteiligen wird, lernt das Kind bald, sich ein paar Leckereien aus dem Hundenapf zu sichern. Und schon bald wird die Mutter zwischen Kind und Hund kaum noch zu unterscheiden wissen. Den Hund überrascht dies kein bisschen – war es doch von Anfang an sein Plan.

Register

Actionfiguren 43
Alpha 94
Anschnauzen 26
Anstarren 20, 86
Apportieren 32
Aussprache, menschliche 40
Autofahren 120

Babies 131
Baden 47
Bälle 33
Beißen 22
Bellen 23
Besitzansprüche 14
Bett 44, 73
Bindung, emotionale 70
Blick, anklagender 23
Brustgeschirr 28
Bücher 18
Buddler 71
Büro 112

Cooper, Gary 91

Diät 65
Dominanz 22
Duschvorhänge 43

Eichhörnchen 109
Eindeutigkeit 16
Einseifen 50
Enten 103
Ernährung 60
Ertüchtigung, körperliche 78
Erziehung 13, 40

Fahrverhalten, menschliches 122
Fleischfresser 57
Flugzeuge 126
Freilauf 83
Frühaufsteher 72
Führungsanspruch 26, 37
Futtersorten 60

Galopp 28
Gäste 85
Geduld 11
Gefühle (des Hundes) 18
Gefühle (des Menschen) 21
Gehorsam 37
Gehorsamkeit 30
Gerechtigkeit, ausgleichende 55
Gruppendynamik 92
Gruppenveranstaltungen 37

Hindernislauf 31
Hühner 105
Hundebetten 68
Hundeschulen 37
Hündinnen 98
Hutablagen 123

Jagen 102
Jogger 79

Kalbspastete 58
Kalorien 65
Katzen 52
Kauspielzeug 41
Kissen 68
Klammern 82
Kleidung 90
Kofferpacken 23

Kommandos 21
Kommunikation 14
Konditionierung, aversive 121
Konsequenz 59
Kopfhaltung 20
Körperpflege 46, 96
Körpersprache 19
Korrektur 22, 30

Laken 44
Lammfleisch 58
Langeweile 41
Lassie 23, 109
Leinenführigkeit 27
Light-Futter 65
Loyalität 36

Möbel 25

Nein! 16

Öffentlichkeit 77
Ohrstellung 20

Parks 92
Power-Snacks 60
Prägung 136
Pubsen 87

Reisen 119
Reiseplanung 126
Respekt 12
Rituale 12
Rivalität, unter Geschwistern 132
Roastbeef 58

Sauberkeit 46
Schlafen 67

Schlucken, am Stück 57
Schnappen, vom Teller 58
Schreien 26
Schubladen 44
Schwanzwedeln 20
Selbstlosigkeit 58
Servicedenken, des Menschen 59
Seufzen 15
Shopping 110
Sitzplatz 25
Socken 41
Sozialkontakte 82
Spazieren gehen 15, 77
Spielsachen 41
Status-Gehabe 94
Stinken 96
Strafe 22
Strandurlaub 128
Stubenreinheit 12
Stühle 42
Such! 34

Teppiche 45
Tischmanieren 57
Training 37

Urlaub 126

Verantwortung 22
Verwöhnen 13
Vitamine 65

Wachbleiben 67
Wuffen, alarmiertes 86

Zerrspiele 28, 41
Zug fahren 126
Zusammenleben 12

Nicole Hoefs • Petra Führmann
Was liest der Hund am Laternenpfahl?
192 Seiten, 50 Abb., €/D 12,95
ISBN 978-3-440-11063

„Hier bleibt keine Frage offen!"
FRIZZ

Warum beißen Hunde so gern ins Gras? Können Hunde Ärger riechen? Haben gähnende Hunde zu wenig Schlaf? Und warum gräbt mein Hund den ganzen Garten um? Amüsant und informativ wird aufgedeckt, was Hundefreunde schon immer wissen wollten. Ob kurios, erstaunlich oder ganz alltäglich: Dieses Buch ist genauso besonders und charmant wie unsere Vierbeiner.

www.kosmos.de/hunde

Nicole Hoefs-Brinker • Petra Führmann
Auf Hundepfoten durch die Jahrhunderte

280 Seiten, €/D 19,95
ISBN 978-3-440-11223-6

„Dieses Buch legen Hundefreunde nicht mehr aus der Hand."
Zeit für Tiere

Götterbegleiter, Tempelwächter mit übersinnlichen Fähigkeiten und Stammvater ganzer Völker – seit vielen Jahrtausenden spielt der Hund in der Geschichte der Menschheit eine ganz besondere Rolle. Begleiten Sie ihn auf eine abenteuerliche und überraschende Reise von der Eiszeit bis heute.

www.kosmos.de/hunde

Katharina von der Leyen
Dogs in the City
200 Seiten, 42 Abb., €/D 16,95
ISBN 978-3-440-11336-3

Vier Hunde und eine Frau mitten in Berlin.

Da ist Tumult vorprogrammiert! Vor allem, wenn bei diesem Zusammenleben die unterschiedlichsten Charaktere aufeinandertreffen. Da wäre einmal Theo, der gemächliche Mops, die beiden Jetset-Großpudelinnen Ida und Louise und das schüchterne Windspiel Harry.
Das Rudel entdeckt gemeinsam die Vorzüge des Stadtlebens, das von hundefreundlichen Sportarten, wie Fahrradfahrerjagen bis hin zu gesellschaftlichen Aufstiegschancen als Model einiges zu bieten hat.

www.kosmos.de/hunde